HANGKONG FADONGJI QILU XITONG
JIANKANG ZHUANGTAI YUCE FANGFA

航空发动机气路系统
健康状态预测方法

尹晓静　张邦成　周志杰　著

化学工业出版社
·北京·

内容简介

　　航空发动机气路系统健康状态预测具有重要的理论研究意义及工程应用价值。本书在置信规则库理论框架下，对航空发动机气路系统健康状态预测方法进行介绍。在此基础上，融合航空发动机气路系统健康状态特征量及专家知识，建立了基于置信规则库的航空发动机气路系统健康状态预测模型，利用隶属度函数建立了不同健康状态等级之间的隶属度关系，解决了航空发动机气路系统处于临界状态时健康状态等级的归属问题；建立了融合多特征的航空发动机气路系统健康状态预测模型，提高了航空发动机气路系统健康状态预测模型精度；建立了考虑监测误差的航空发动机气路系统健康状态预测模型，降低了环境噪声干扰及传感器退化等因素带来的监测数据不可靠性，提高了工程实际中系统健康状态预测的准确性；提出了一种基于并串行置信规则库的航空发动机气路系统健康状态预测模型，解决了单个置信规则库模型复杂度高、不能动态全面反映气路系统的健康状态和运行时间长的问题。

　　本书可供从事复杂机电系统建模，航空发动机气路系统故障诊断、健康管理等相关方向研究的研究生及工程技术人员阅读参考。

图书在版编目（CIP）数据

航空发动机气路系统健康状态预测方法/尹晓静，张邦成，周志杰著. —北京：化学工业出版社，2023.4
ISBN 978-7-122-42877-6

Ⅰ.①航…　Ⅱ.①尹…　②张…　③周…　Ⅲ.①航空发动机-故障诊断　Ⅳ.①V263.6

中国国家版本馆 CIP 数据核字（2023）第 023578 号

责任编辑：金林茹
责任校对：王　静
装帧设计：王晓宇

出版发行：化学工业出版社
　　　　　（北京市东城区青年湖南街 13 号　邮政编码 100011）
印　　装：北京天宇星印刷厂
710mm×1000mm　1/16　印张 8　字数 113 千字
2023 年 4 月北京第 1 版第 1 次印刷

购书咨询：010-64518888
售后服务：010-64518899
网　　址：http://www.cip.com.cn
凡购买本书，如有缺损质量问题，本社销售中心负责调换。

定　　价：99.00 元

前言
PREFACE

　　航空发动机作为飞机动力系统的核心部件之一，是一种高度复杂、高度精密的机械电子系统。在航空发动机的众多子系统当中，气路系统占有重要地位，航空发动机气路系统的健康管理直接影响飞机的安全运行及维护成本。航空发动机气路系统健康状态预测是航空发动机健康管理的重要内容，合理有效的健康状态预测可以在航空发动机气路系统发生故障及性能退化前，采取相应的措施消除系统的安全隐患。另外，对航空发动机气路系统进行有效的健康状态预测，可以为系统的维护提供决策依据，实现用最少的备件库存满足设备最大的维护操作，进而降低系统的备件库存费用，降低企业维护经济成本。

　　目前，航空发动机气路系统的健康状态预测大多是利用基于数据、基于模型和基于知识的方法建立预测模型，其准确性是由有效数据的种类及样本量决定的。虽然在航空发动机气路系统中，通过长期的可靠运行，可以获取大量的多种类的正常监测数据，但是，航空发动机气路系统的性能参数种类多样，数量众多，监测数据容易出现不完备且冗余的情况，无法取得良好的预测效果。

　　本书在对航空发动机气路系统健康状态预测方法深入研究分析、总结的基础上，在置信规则库理论框架下，融合航空发动机气路系统监测数据和专家先验知识对航空发动机气路系统进行健康状态预测，建立了基于多特征的航空发动机气路系统健康状态预测模型，提出了考虑特征量监测误差的航空发动机气路系统健康状态预测方法，建立了基于并串行置信规则库的航空发动机气路系统健康状态预测模型。

本书主要由尹晓静统稿和编写，张邦成、周志杰参与部分章节编写工作，主要内容为史广旭、彭寿鑫攻读硕士期间与导师尹晓静取得的成果，长春财经学院信息工程学院裴莹、长春工业大学硕士研究生张宇、于喆、贺强强、张森等参与了本书的校对工作，在此对他们表示由衷的感谢！本书得到国家自然科学基金面上项目（61973046），吉林省科技厅重点研发项目（20200403036SF）的资助，特此致谢！

限于笔者水平，书中不妥之处在所难免，恳请读者批评指正。

著者

目录
CONTENTS

第 **5** 章　**基于多特征置信规则库的航空发动机气路
系统健康状态预测**　　　　061

第 **1** 章

概述

故障预测与健康管理（Prognostics and Health Management，PHM）技术的出现，改变了传统故障诊断技术无法适应新需求的现状[1]。健康状态预测技术作为故障预测与健康管理技术的重要组成部分，通过对研究对象进行信号分析、数据处理以及建立各种失效模型，实现对研究对象的健康状态预测[2,3]。

航空发动机作为飞机飞行的动力系统，是飞机的核心部件之一，是一种高度复杂、高度精密的机械电子系统[4,5]。由于航空发动机会受到恶劣的工作环境的影响，其可靠性受到严峻的考验[6]。一旦航空发动机出现故障，轻则飞机停飞，扰乱机场正常运行，增加运营成本，重则造成大量的人员伤亡，并带来非常严重的经济损失。相关资料显示，在近十年的飞行事故中，由航空发动机出现故障引起的事故占 50%以上[7]。而美国国家航空航天局公布的民航领域飞行事故事件数中，由航空发动机气路系统引起的故障占发动机故障总体的 85%以上[8~10]，所以，应该对航空发动机气路系统的健康状态预测进行研究。航空发动机气路系统健康状态预测不但是健康管理技术的关键环节，而且是制订航空发动机气路系统视情维修计划的基础[11~14]。因此，为保证飞机安全飞行，减小经济损失，对航空发动机气路系统健康状态预测进行研究是十分必要的。

航空发动机气路系统的性能可通过转子转速、出口温度、进口温度、出口压力、燃油质量流量等相关性能参数间接反映[15]。因此，将气路系统的相关性能参数作为模型输入，建立航空发动机气路系统健康状态预测模型是十分必要的[16]。然而，航空发动机气路系统的性能参数种类多样、数量众多，监测数据容易出现不完备，并且航空发动机气路系统在运行时会受到噪声的干扰或者航空发动机其他子系统耦合影响，导致航空发动机气路系统健康状态特征量故障监测数据十分有限，从而导致仅依靠航空发动机气路系统健康状态特征量故障监测数据对其进行健康状态预测的精度较低[17]。因此，研究融合航空发动机气路系统多个性能参数，作为表征航空发动机气路系统健康状态信息的特征量，建立表达更加丰富、考虑更加全面的航空发动机气路系统的健康状态预测模型，是非常重要的。

1.1 航空发动机气路系统健康状态预测方法分析

健康状态预测方法众多，每种健康状态预测方法都有其独特的优势。本节对常用的健康状态预测方法进行总结，如图 1.1 所示。

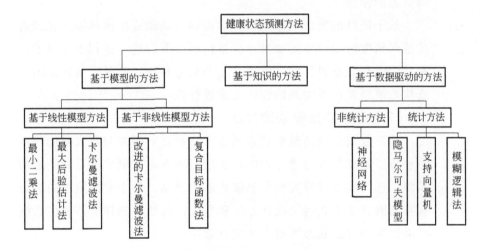

图 1.1 健康状态预测方法分类图

（1）基于模型的方法

基于模型的健康状态预测方法是指利用研究对象的精确数学模型和可观测输入输出变量表征系统健康状态，最终实现对研究对象的健康状态预测。卡尔曼滤波法和改进的卡尔曼滤波法应用较多。

① 卡尔曼滤波法 卡尔曼滤波法利用系统的线性状态方程，结合系统的输入和输出对研究对象的健康状态进行最优估计。此处的系统状态指的是系统过去的输入和外界对系统的扰动构成的集合。因此，只需要知道系统状态和将来系统的输入和外界扰动，即可确定系统的健康状态。文献[18]对锂电池进行二阶阻容电路处理，利

用卡尔曼滤波法对锂电池进行健康状态预测，有力地消除了监测数据测量过程中的噪声，极大地提高了对锂电池进行健康状态预测的效率。

② 改进的卡尔曼滤波法　最近几年，很多学者对经典的卡尔曼滤波法进行了改进，使其能够实现对部分非线性系统的健康状态预测。例如，无痕迹卡尔曼滤波是一种针对非线性系统进行健康状态预测的方法，文献[19]通过利用无痕迹卡尔曼滤波器克服由于环境干扰和传感器误差导致的监测误差，实现对发动机推进器非线性健康状态的预测。

基于模型的健康状态预测方法能够有效地克服因环境干扰或者传感器精度影响产生的噪声，但是精确模型的建立过程十分困难，不适合航空发动机气路系统这类复杂机电系统。此外，所建立的健康状态模型存在很大局限性，无法进行推广。

（2）基于数据驱动的方法

基于数据驱动的健康状态预测方法通过对研究对象大量的健康状态特征量监测数据进行训练，实现对研究对象健康状态特征量的预测，进而实现对研究对象健康状态的预测。基于数据驱动的健康状态预测方法主要包括统计方法和非统计方法，选择复杂机电系统应用较多的健康状态预测方法进行总结。

① 神经网络　神经网络是一种模仿动物神经元分布的信息处理算法，是一种能够有效进行监测信号分布式并行处理的数学模型。神经网络算法通过调节内部大量节点之间相互链接关系达到对健康状态特征量进行信息处理的目的，进而能够实现对研究对象的健康状态预测[20]。文献[20]中利用神经网络算法结合大量的传感器健康状态特征量监测数据，实现了对航空发动机传感器系统健康状态的预测。文献[21]中利用粒子群优化算法对传统的神经网络算法进行优化，增强了 BP（Back Propagation）神经网络的全局寻优能力。文献[22]中提出了一种基于递归神经网络的健康状态预测模型，实现了对硬盘驱动器健康状态渐变过程的预测，而不是简单地判断硬盘驱动器是否处于故障状态。

② 支持向量机（Support Vector Machine，SVM） 支持向量机是一种通过监督学习的方式实现对研究对象健康状态进行二元分类的广义线性分类器。基于支持向量机的健康状态预测方法同样可以利用少量的监测数据实现对研究对象的健康状态预测，但是这类健康状态预测方法适合的研究对象有限。文献[23]中以高速铁路动车组为研究对象，利用支持向量机融合轴承温度和转向架的偏差程度等健康状态特征量实现对高速列车健康状态的预测。文献[24]中利用回归支持向量机和主成分分析对车载锂电池进行健康状态预测，利用粒子群优化算法对给定参数进行优化，显著提高了健康状态预测的精度。

数据驱动健康状态预测方法精度更高，具有一定的推广性。但是，数据驱动健康状态预测方法对数据的依赖程度较高。

（3）基于知识的方法

基于知识的健康状态预测方法以专家经验或者定性知识为基础，确定研究对象故障程度和健康状态之间的关系，进而实现对研究对象的健康状态预测。基于专家知识的健康状态预测方法主要有专家知识法、模糊推理法等。文献[25]中在对水轮机调速系统的故障机理进行分析的基础上，采用故障树法和专家知识相结合的方法，依据专家知识建立水轮机调速系统的故障树，在此基础上，对调速系统的健康状态进行定性分析，能够实现对调速系统的健康状态预测。文献[26]中利用专家知识，设计了一个传感器的在线诊断系统，解决了传感器在健康状态预测过程中的"冗余"问题。通过这种方法得到的预测结果的可解释性强，但是专家知识存在一定程度的主观性，而且这类方法对专家知识过于依赖，从而导致健康状态预测结果的精度不高。

1.1.1　航空发动机气路系统健康状态预测发展现状

20 世纪 70 年代，美国率先推出航天器综合健康管理技术[27]，主要是对发动机的健康状态进行预测，并根据结果进行视情维修[28]。20 世纪 80 年代末期，美国进行 Integrated High Performance Turbine

Engine 计划[29]，计划建成同时包含发动机状态监测和预测的在线系统。2006 年，智能发动机的概念被提出，通过维护飞机以实现最好的飞行效率，从而达到减少运营成本的目的[30,31]。20 世纪 80 年代初，航空发动机故障诊断技术开始被许多学者研究，如最早的故障方程法由 Louis A. Urban 提出[32]。之后，许多学者利用各种方法对航空发动机的健康状态进行评估和预测。DePold H R 等[33]系统介绍了应用统计分析和人工神经网络过滤器对发动机性能监测数据进行处理，然后用神经网络监测发动机性能变化并将其分类，最后使用专家系统提供预警警报和一系列维护措施的方法。Ogaji S O T 等[34]提出了一种建立模糊逻辑过程的方法，量化了航空发动机的各个气路部件的故障形式，并采用现代军用涡扇发动机进行了验证。Nieto P J G 等[35]提出了一种用于航空发动机可靠性研究的混合模型，该模型首次采用支持向量机和粒子群优化算法，在不需要系统历史运行信息的状况下，模型也有良好的预测精度，最后利用实验数据证实了混合模型的有效性。但该模型没有考虑先验知识的重要性，因此在研究多特征的航空发动机气路系统健康状态时具有局限性。Joshua 等[36]提出一种评估发动机不同结构配置重量和尺寸对发动机燃料燃烧效率影响的方法，该方法仅对确定新型航空发动机循环的整体性能有较好的效果，不适用于监测实际服役后的航空发动机的性能状态。Waligórski M 等[37]利用最佳灵敏度的发动机运行参数，燃油喷射和燃烧的质量与特定的振动脉冲和能量的相关性，阐述了在实际工作条件下，振动加速度信号参数可以应用于 F-16 飞机涡轮喷气发动机热力学过程的评估。该方法只能对航空发动机运行早期的动态特性进行有效的诊断，在发动机运行的其余阶段没有良好的效果，而且在验证评估中使用振动信号的可能性时，要求其热力学过程与其振动声之间存在直接关系，考虑到在评估时未包括系统的其他性能参数，所提方法有一定的局限性。

国外对航空发动机健康状态的研究主要以神经网络为基础，拓展相关理论，其相关预测模型有不错的精度。然而，神经网络需要大量的数据进行训练，并且航空发动机的数据获取困难，现有研究基本采用单性能参数进行建模，对航空发动机的性能参数所包含的健康状态信息利用不全，故神经网络在研究多性能参数时具有一定的局限性。

我国航空发动机健康状态预测与管理技术主要针对航空发动机的各个子系统，针对当前严重影响航空发动机安全性的技术问题，国内学者开展了预测与健康管理专项技术攻关[38]。中国民航大学的张科星等[39]利用发动机性能参数的混沌特性和非线性特性，研究了基于混沌时间序列理论的预测问题，并有良好的效果。哈尔滨工业大学的姚威等[40]提出了一种量化各性能参数关系的方法，解决了采用发动机单个性能参数构建模型时，预测精度不高的问题。哈尔滨工业大学的张颉健等[41]提出并建立了基于卷积和离散输入过程的神经网络预测模型，并用于航空发动机的性能参数预测。中国民用航空飞行学院的徐亮等[42]针对航空发动机的巡航燃油流量等性能参数的偏差量，使用最小二乘支持向量机进行预测，并与基于时间序列法算法进行对比，验证了提出模型的有效性。Chang X D 等[43]提出并建立了基于滑模观察器的故障诊断模型。在模型中，一个滑模观察器用于发动机健康性能跟踪，一个滑模观察器用于传感器故障重建。文献[43]中还分析了所提方法的抗干扰能力，并验证了模型的有效性。Liu X X 等[44]利用离散时间线性系统和离散时间Lipschitz 系统，研究了同时存在多个离散时间动态系统下，航空发动机故障估计和容错控制方法。Wang F T 等[45]考虑航空发动机振动信号的非平稳、非线性等问题，提出了一种基于高斯径向基核函数和自动编码器的增强深度特征提取方法，并利用飞机发动机轴间轴承振动数据验证。哈尔滨工业大学的谭治学等[46]以民航发动机为研究对象，利用卷积自编码器与极端梯度提升模型，解决了排气温度裕度预测时出现的多源异构数据融合问题。

基于模型的航空发动机健康状态预测方法对多特征量的发动机建模具有较高建模精度，但受发动机复杂结构的影响，难以建立精确的数学分析模型，并且发动机处于单一状态时周期短，基于模型的方法在对发动机进行实时预测时模型可能会出现迭代不收敛问题，进而导致出现严重的事故。基于数据的预测方法在对航空发动机的健康状态进行预测时也有较高的精度，但该方法在预测时需要大量的数据，而航空发动机结构复杂精密，有效监测数据难以获取。

1.1.2 航空发动机气路系统健康状态预测研究存在的问题分析

航空发动机气路系统结构复杂，工作环境恶劣，很难建立准确的数学模型并用于健康状态预测。另外，航空发动机气路系统监测数据海量，但是能够有效反映气路系统性能状态的监测信息很少。在对气路系统的健康状态进行预测时，只考虑定量信息的影响而忽视定性信息，无法取得良好的预测效果。因此，融合定性知识对其进行健康状态预测是一个有效的途径。

现有的健康状态预测模型大多是对航空发动机气路系统进行健康状态概率预测，然后通过给定阈值判断航空发动机气路系统当前是否处于故障状态。这类方法虽然能够起到对航空发动机气路系统进行健康状态预测的作用，但是无法对研究对象发生故障之前的健康状态进行预测，而且其健康状态预测结果只有正常和故障两种状态。对航空发动机气路系统的健康状态等级进行更加详细的划分，确定航空发动机气路系统健康状态相对于不同健康状态等级的隶属度，在实际工程中有助于对其健康状态进行全方位的监测。

在上述分析的基础上，本书在置信规则库（Belief Rule Base，BRB）理论框架下，开展航空发动机气路系统健康状态预测方法的研究。研究如何利用气路系统的多个性能参数、工作状态下的定量和定性知识等，动态、全面地反映航空发动机气路系统的健康状态。

1.2 本书的结构安排

本书针对航空发动机气路系统的故障机理及现有健康状态预测

方法的局限性，开展基于 BRB 的航空发动机气路系统健康状态预测方法研究。BRB 是目前复杂系统建模领域最前沿的技术之一，可以有效利用航空发动机气路系统健康状态特征量，描述多种不确定性（包含模糊不确定性和概率不确定性）知识，有效解决航空发动机气路系统健康状态预测问题。本书结构如下：

第 2 章介绍 BRB 理论的基本概念及应用发展。第 3 章对航空发动机气路系统故障机理深入分析，对航空发动机气路系统故障按照产生故障成因进行总结，为后续建立航空发动机气路系统健康状态预测模型奠定基础。第 4 章建立一种基于 BRB-MF❶的航空发动机气路系统健康状态预测模型，利用隶属度函数建立航空发动机气路系统健康状态概率和不同健康状态等级之间的隶属度关系，解决当航空发动机气路系统的健康状态恰好处于两种健康状态等级交界处时，如何对其健康状态进行描述的问题。第 5 章针对现有气路系统健康状态预测模型采用性能参数不足导致预测精度低的问题，采用多个不同物理特性的气路系统性能参数建立更加全面的航空发动机气路系统健康状态模型。第 6 章考虑监测数据受到传感器性能退化影响和环境干扰而存在误差的情况，提出考虑监测误差的多特征置信规则库航空发动机气路系统健康状态预测方法，提高系统健康状态预测的准确性。第 7 章提出一种基于并串行置信规则库的航空发动机气路系统健康状态预测方法，满足气路系统健康状态预测模型快速响应的特点，以便更好地实现气路系统的视情维修。

---

❶ MF 代表隶属度函数。

第2章

置信规则库专家系统及其推理方法

2.1　专家系统

专家系统是指利用存储在计算机内的某一特定领域的专家知识，来解决过去只有专家才能解决的现实问题的计算机系统，是人工智能最活跃和最广泛的应用领域之一[47]。1956年，美国斯坦福大学研制出第一个专家系统 DENDRAL，经过几十年的发展，在图像处理、医疗检测、语音识别等方面已经研制和开发了大量的专家系统，专家系统日趋成熟[47]。

专家系统由数据库、专家知识库、推理机、解释器和人机交互接口五部分组成[48]。各模块功能如下：

① 人机交互接口　人机交互接口是系统与用户进行对话和信息交流的界面。用户通过人机交互接口输入必要的数据，提出问题，获得推理结果以及系统做出的解释。同时，接口也将系统对用户提出的问题给出的结果和做出的解释以易于理解的形式提供给用户。

② 专家知识库　专家知识库以特定形式存储相关领域的规则知识、常识知识和专家研究得到的探索性经验知识。这些知识和经验作为专家系统推理过程中的判断依据使用，专家知识库所存储知识的专业性、准确性及全面性决定了专家知识库的可靠度和性能水平。它具有知识存储、检索、编排、增删、修改和扩充等功能，所以专家知识库的设计和后期维护在专家系统的运行中起着至关重要的作用。

③ 推理机　推理机是专家系统的知识处理器。基于知识库中的知识，推理机按照一定的推理策略求解所提出的问题。它具有启发推理、算法推理、正向推理、反向推理、正反向推理、串行推理和串并行推理等功能。当推理机找到匹配项时，它就把规则的结论加入到工作内存中，并继续扫描规则，寻求新的匹配。

④ 解释器　建立用户需求与系统输出之间的逻辑联系,解释器将用户需求从系统求解方式、系统运行状态、系统结论等角度进行

相关解释，从而利于用户理解系统对用户需求的求解过程，提升用户体验并增加用户对系统的信任程度。在专家知识库不断完善和更新迭代的过程中，解释器可以为专家经验和专家知识的补充及相关问题的解决提供技术支持，直观展现问题的求解过程，具有非常重要的意义。

⑤ 数据库　数据库用于存储求解问题的初始数据和推理过程中得到的中间数据。

专家系统的结构如图 2.1 所示[47]。在专家系统中，知识库和推理机是最基本的模块。每个专家系统需要完成的任务不同，因此专家系统的结构也不尽相同。其主要表现是：

① 知识表示的方法不同，从而知识库结构不同。

② 推理策略与知识的表示方法及知识库的结构是密切相关的，因此，针对不同的知识库，采用的推理策略也不相同。

专家通常利用自身的经验解决领域内的问题，但经验性知识具有模糊不确定性。因此，利用专家系统对多种模糊不确定性信息和知识信息进行处理，从而得到结论或做出决定。专家系统还具有知识信息的处理能力、允许非精确推理、灵活的系统扩充能力、咨询解释能力和从错误中学习的能力。

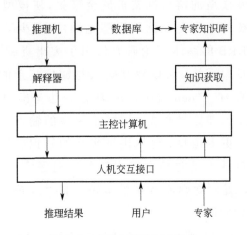

图 2.1　专家系统的基本结构

2.2　置信规则库的基本概念

众所周知，人类在对事件的发生进行判断和决策中起着关键性作用，所以在复杂的工程中，针对利用完整历史数据的决策方法不能给出准确结果的这类问题，利用定量信息与专家提供的主观信息相结合的方法对实际情况进行建模和分析是一种有效的手段。

置信规则库（Belief Rule Base，BRB）作为半定量信息评估方法的一种，是英国曼彻斯特大学 Yang 于 2006 年提出的，相对于传统的 If—Then 专家规则库，BRB 模型在评价结果中引入了置信度的概念，并提出了基于证据理论的推理算法，使它能利用定性的专家知识来描述不确定的信息，还能利用信息源本身存在的重要程度对不确定性信息进行推理[49,50]。此后，Zhou 在原有 BRB 理论的基础上，丰富和发展了 BRB 理论内容，系统完整地提出了 BRB 结构优化学习方法，深入探索了 BRB 参数和结构迭代学习方法，提出了幂集辨识框架下置信规则库建模方法，将置信规则库模型的辨识框架扩展至幂集，使模型可同时描述推理过程中存在的全局无知性和局部无知性，减少了预测结果的不确定性，对 BRB 的基本理论研究做出了突出贡献[51,52]。BRB 的本质是一种专家系统，可以建立输入与输出复杂的非线性关系。相较于传统的 If—Then 规则，BRB 在表达与推理的过程中有效融合了专家知识和定量数据，增加了模型的输入信息量，提供了一种能够包含更多信息、更加接近实际的知识表达方法，解决了建模过程中数据不足时模型精度较差的问题[53,54]。与传统算法模型相比较，置信规则库专家模型是一种"灰箱"模型，其模型机制如图 2.2 所示。

一个基本的规则库由一系列简单的 If—Then 规则组成[47]，即

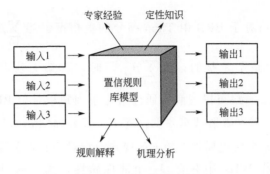

图 2.2　BRB 模型机制

$$R_k : \text{If}\quad A_1^k \wedge A_2^k \cdots \wedge A_{M_k}^k$$
$$\text{Then } D_k$$
（2-1）

式中，$A_i^k \in A_i (i=1,2,\cdots,M_k)$，表示第 k 条规则中第 i 个前提属性的参考值；M_k 表示第 k 条规则中前提属性的个数；$D_k(D_k \in \boldsymbol{D})$ 表示第 k 条规则的结果。

为了使规则可以表达更多类型的信息，体现规则结果各种可能的分布，在式（2-1）表示的传统 If—Then 规则的基础上，Yang[50] 设计了一种可以更接近实际的表达机制，即置信规则。在置信规则的结果 D_k 中加入了置信度，以分布式的结构呈现评价结果，并为每条规则设置了规则权重，以表示其相对于其他规则的重要性。把一系列置信规则组合到一起便构成了置信规则库。其中，置信规则库的第 k 条置信规则描述为

$$R_k : \text{If}\ A_1^k \wedge A_2^k \cdots \wedge A_{M_k}^k$$
$$\text{Then}\{(D_1,\beta_{1,k}),(D_2,\beta_{2,k}),\cdots,(D_N,\beta_{N,k})\}$$
（2-2）
$$\text{With a rule weight } \theta_k \text{ and attribute weight } \delta_{1,k},\ \delta_{2,k},\cdots,\delta_{M_k,k}$$

式中，$A_i^k (i=1,2,\cdots,M_k;k=1,2,\cdots,L)$ 表示在第 k 条规则中第 i 个前提属性的参考值；M_k 表示第 k 条规则中前提属性的个数；L 表示 BRB 规则的数目；$A_i^k \in A_i$，且 $A_i = \{A_{i,j}, j=1,\cdots,J_m\}$ 表示由第 i 个前提属性的 J_m 个参考值组成的集合；$D_k(D_k \in \boldsymbol{D})$ 表示第 k 条规则的结果；$\beta_{j,k}(j=1,\cdots,N;k=1,2,\cdots,L)$ 表示第 j 个评价结果 D_j 在第 k 条

BRB 中相对于 BRB 中 Then 部分的置信度。当 $\sum_{j=1}^{N} \beta_{j,k} \neq 1$ 时，称第 k 条规则是不完整的；当 $\sum_{j=1}^{N} \beta_{j,k} = 1$ 时，称第 k 条规则是完整的。$\theta_k(k=1,2,\cdots,L)$ 可以理解为通过第 k 条规则相对于 BRB 中其他规则的规则权重来映射其重要度；$\delta_{i,k}(i=1,2,\cdots,M_k; k=1,2,\cdots,L)$ 可以用来描述第 i 个前提属性在第 k 条规则中相对于其他前提属性的属性权重。如果 BRB 中共有 M 个前提属性，那么可以得到 $\delta_i = \delta_{i,k}$ 和

$$\overline{\delta_i} = \frac{\delta_i}{\max\limits_{i=1,2,\cdots,M}\{\delta_i\}}，式中 i = 1,2,\cdots,M；\ k = 1,2,\cdots,L。$$

2.3 置信规则库的推理

为了有效利用带有各种不确定性的定量信息和定性知识，实现复杂决策问题的建模，Yang 等[50]提出了基于证据推理算法的置信规则库推理方法（Belief Rule Base Inference Methodology Using the Evidential Reasoning Approach，RIMER）。RIMER 是在 D-S（Dempster-Shafer）证据理论、决策理论、模糊理论和传统 If—Then 规则库的基础上发展起来的。相较于传统的处理不确定性的方法只能处理某种特定的不确定性，RIMER 具有对带有含糊或模糊不确定性、不完整或概率不确定性以及非线性特征的数据进行建模的能力[55]。RIMER 主要包括知识的表达和知识的推理。其中，知识的表达通过置信规则库专家系统实现，而知识的推理则通过证据推理（Evidential Reasoning，ER）算法实现。

当输入信息 x 到来后，利用 ER 算法对 BRB 中的置信规则进行组合，从而得到 BRB 系统的最终输出，这就是基于证据推理算法的 BRB 推理方法的基本思想[56]。RIMER 主要通过以下三步来实现 BRB 系统的推理[50,55]。

第 1 步：计算前提属性匹配度，即特征量匹配度。匹配度表明前提属性匹配一条规则的程度。

第 k 条规则中前提属性匹配度计算如式（2-3）所示。

$$a_i^k = \begin{cases} \dfrac{A_i^{l+1} - x_i}{A_i^{l+1} - A_i^l}, k = l(A_i^l \leqslant x_i \leqslant A_i^{l+1}) \\ 1 - a_i^k, k = l+1 \\ 0, k = 1, \cdots, N(k \neq l, l+1) \end{cases} \tag{2-3}$$

式中，a_i^k 代表第 k 条规则中第 i 个前提属性的匹配度；A_i^l 和 A_i^{l+1} 分别代表邻近两条规则中的第 i 个前提属性参考值。

第 2 步：计算激活权重，即模型特征量输入对规则的激活权重。在 BRB 模型中，输入数据中的前提属性会激活 BRB 中的规则，由于匹配度不同，对于不同规则的激活程度也不一样。

第 k 条规则的激活权重计算如式（2-4）所示。

$$\omega_k = \frac{\theta_k \prod\limits_{i=1}^{N} (a_i^k)^{\overline{\delta_i}}}{\sum\limits_{l=1}^{L} \theta_l \prod\limits_{i=1}^{N} (a_i^l)^{\overline{\delta_i}}} \tag{2-4}$$

式中，$\omega_k \in [0,1](k = 1, 2, \cdots, l)$ 表示第 k 条规则的激活权重；θ_k 表示第 k 条规则的规则权重；$\overline{\delta_i}$ 表示属性权重；a_i^k 表示在第 k 条规则中第 i 个输入 x_i 相对于参考值 A_i^k 的匹配度。

第 3 步：利用 ER 算法的规则推理。

在 BRB 模型的决策过程中，当第 k 条规则被激活后，存在 $\omega_k \neq 0$，利用 ER 算法进行规则推理，由证据推理解析算法对 BRB 中所有规则进行组合，得到 BRB 的最终输出如式（2-5）所示：

$$S(x) = \{(D_j, \hat{\beta}_j), j = 1, 2, \cdots, N\} \tag{2-5}$$

式中，$\hat{\beta}_j$ 表示相对于评价结果 D_j 的置信度，如式（2-6）所示。

$$\hat{\beta}_j = \frac{\mu \times \left[\prod_{k=1}^{L} \left(\omega_k \beta_{j,k} + 1 - \omega_k \sum_{i=1}^{N} \beta_{i,k} \right) - \prod_{k=1}^{L} \left(1 - \omega_k \sum_{i=1}^{N} \beta_{i,k} \right) \right]}{1 - \mu \times \left[\prod_{k=1}^{L} (1 - \omega_k) \right]}$$ （2-6）

$$\mu = \left[\sum_{j=1}^{N} \prod_{k=1}^{L} \left(\omega_k \beta_{j,k} + 1 - \omega_k \sum_{i=1}^{N} \beta_{i,k} \right) - (M-1) \prod_{k=1}^{L} \left(1 - \omega_k \sum_{i=1}^{N} \beta_{i,k} \right) \right]^{-1}$$ （2-7）

式中，$\hat{\beta}_j$ 是规则权重 θ_k、属性权重 $\overline{\delta_i}$ 和置信度 $\beta_{j,k}$ 的函数；N 表示评价结果的个数；激活权重 ω_k 见式（2-4）。

假设评价结果的效用为 $\mu(D_j)$，则 $S(X)$ 的期望效用式（2-8）表示：

$$\mu(S(X)) = \sum_{j=1}^{M} \mu(D_j) \beta_j$$ （2-8）

式中，β_j 表示输出相对于 D_j 的置信度。

因此，基于 BRB 的健康状态预测模型输出，也就是 $\hat{y}$，如式（2-9）所示。

$$\hat{y} = \mu(S(X))$$ （2-9）

证据推理算法根据输入信息计算规则的激活权重 ω_k 时，采用了归一化的思想，相较于传统的 D-S 证据组合方法，增强了系统对冲突证据处理的能力。此外，D-S 证据组合方法的计算复杂度属于 N-P 难题，由式（2-4）～式（2-9）不难看出，基于证据推理算法的规则组合方法是线性的，大大降低了规则组合的计算复杂度[56]。BRB 通过证据推理算法合成被激活规则，建立输入和输出之间的非线性关系，为规则库建立反馈机制、实现自学习提供了可能。

2.4 置信规则库专家系统模型优化

BRB 系统中的规则权重、前提属性权重和置信度等参数，通常由专家根据先验知识和历史信息给定，反映专家对研究对象的认知程度。当 BRB 系统比较复杂时，专家难以确定这些参数的精确值，这将使初始置信规则库输出结果与实际输出不一致[57]。因此，使用历史样本数据对初始置信规则库进行训练，从而优化和调整每条规则中的相应参数，包括规则权重、前提属性权重和输出结果的置信度，使实际输出结果与初始置信规则库输出结果之间的误差最小，从而提升 BRB 模型的性能。

初始 BRB 中待优化参数的定义已在式（2-2）中进行了详细的介绍，它们同时还满足如下等式约束和不等式约束[58]：

① 规则权重标准化之后应在 0~1 之间变化，即

$$0 \leqslant \theta_k \leqslant 1, \quad k=1,2,\cdots,L \tag{2-10}$$

② 输入权重标准化之后应在 0~1 之间变化，即

$$0 \leqslant \overline{\delta_i} \leqslant 1, \quad i=1,2,\cdots,M \tag{2-11}$$

③ 置信度不得大于 1 或者小于 0，即

$$0 \leqslant \beta_{j,k} \leqslant 1, \quad j=1,2,\cdots,N \tag{2-12}$$

④ 如果第 k 条规则是完整的，那么该条规则输出部分中所有置信度的和等于 1；否则，和小于 1，即

$$0 \leqslant \sum_{j=1}^{N} \beta_{j,k} \leqslant 1, \quad k=1,2,\cdots,L \tag{2-13}$$

⑤ 在置信规则的输出部分，专家对于某一评价结果的偏好程度越高，它的效用越高，即

$$\mu(D_i) < \mu(D_j), \quad i<j; i,j=1,2,\cdots,N \tag{2-14}$$

用于训练的 BRB 参数优化模型可以描述为

$$\min f(V) \atop \text{s.t. } A(V)=0, B(V) \geqslant 0 \tag{2-15}$$

式中，$f(V)$ 表示目标函数；V 表示由 BRB 参数构成的向量；$A(V)$ 表示等式约束函数；$B(V)$ 表示不等式约束函数。

置信规则库的优化模型如图 2.3 所示[58]。输入 X_m 到来时，通过观测实际系统的输出 y_m，并利用初始 BRB 推理得到估计输出 $\hat{y}_m$。然后，通过误差函数 $\xi(V)$，并利用一些参数优化算法来对 BRB 的

参数进行更新[59]。

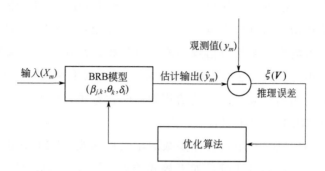

图 2.3　BRB 系统参数优化模型

假设 x 为给定的输入向量，y 为对应的输出向量，y 既可以是专家的评估结果，也可以通过仪器测量得到。当 y 为专家的评估结果时，称为主观观测值；当 y 为通过仪器得到的测量结果时，称为数值观测值。

具体优化过程中，误差函数会根据观测值的不同有所调整。如果观测值是数值型的，则首先要对置信规则库的结果评价等级进行量化，即给每个 $D_j(j=1,2,\cdots,N)$ 定义效用函数 $\mu(D_j)$。由此就可以推理结果的平均效用

$$\hat{y}_m = \sum_{j=1}^{N} \mu(D_j)\hat{\beta}_j(m) \tag{2-16}$$

假设已知一组输入输出为 (x_m, y_m)，$m=1,2,\cdots,T$，则可以利用其数值观测值与推理结果平均效用得到误差

$$\xi(V) = \frac{1}{T}\sum_{m=1}^{T}(y_m - \hat{y}_m)^2 \tag{2-17}$$

如果观测值是主观观测得到的，则观测值也可以表示为带有置信度的分布式评价结果，即

$$y_m = \{(D_j, \beta_j(m)), j=1,2,\cdots,N\} \tag{2-18}$$

则误差函数可以表示为

$$\xi(V) = \frac{1}{T}\sum_{m=1}^{T}\sum_{j=1}^{N}[\beta_j(m) - \hat{\beta}_j(m)]^2 \qquad (2\text{-}19)$$

参数训练使 BRB 模型建立了反馈机制，可以将得到的结果反馈给知识库，进而对参数进行改正，提高模型的准确性。

2.5　置信规则库的应用与发展

近年来，许多学者致力于 BRB 理论的探索及扩展，使其在很多领域都得到了广泛应用，例如金融决策、故障诊断与预测、安全评估、医疗决策等。在非线性复杂系统建模方面，BRB 作为一种优秀的建模方法，其相关建模问题得到了深入研究。

置信规则库理论在系统状态、安全性评估方面有着广泛应用。文献[60]中基于置信规则库专家系统对航天器关键部件健康状态进行评估，以实际案例研究了航天器中电池部件的健康状况，验证了其有效性。文献[61]中将置信规则库方法应用于桥梁风险评估中，为桥梁风险评估提供了新的研究方法。文献[62]中采用置信规则库专家系统建立了工业控制系统可靠性评估模型，结果表明，该方法准确、高效、可靠，为复杂工业控制系统的可靠性奠定了坚实的基础。文献[63]中利用混合置信规则库对区域铁路的安全性进行评估，实验结果表明安全评估结果与事故和系统故障的历史报告一致。文献[64]中基于置信规则库建立了复杂系统的安全评估模型，利用条件广义方差法进行了特征量的提取并利用模糊 C 均值聚类法对前提属性参考值进行确定，最后利用工程实际案例验证了安全评估模型的有效性。文献[65]中基于置信规则库专家系统在临床上对支气管肺炎进行了程度评估，并验证了模型的准确性。文献[66]中利用置信规则库对中小企业环境可靠性进行评估，帮助企业向可持续发展的业务转型。文献[67]中提出了一种新的 G-BRB 模型，提高了处理专家不同种类知识的能力。文献[68]中提出了一种基于主成分分析与置信规则库模型结合的走行部系统健康状态评估方法，解决评估模型中因输入观测信息维度过高而导致评估性能下降的问题。

置信规则库理论在故障诊断方面有着广泛的应用。文献[69]中提出了一种新的考虑属性相关性的置信规则库模型，并将该模型应用于输油管道的故障诊断中。结果表明，该模型能够准确诊断输油管道的泄漏尺寸和泄漏时间，证明了提出的模型可广泛应用于工程故障诊断中。文献[70] 中通过分析无线传感器网络的数据特征，提出了一种基于置信规则库模型的无线传感器网络故障诊断方法，并通过实验验证了该方法能够高效诊断出无线传感器网络中的故障。文献[71]中提出用置信规则库模型预测云计算系统的安全状态，采用证据推理算法融合实际云系统的多个系统指标进行合理预测，并验证了有关云安全状态预测的实践研究，以表明提出的预测模型在云计算平台中的潜在应用。文献[72]中设计了一种基于置信规则库的专家系统，该系统由多个同时激活的 BRB 子系统组成，每个子系统都有各自的输出，这种新颖的建模方法可以用于识别可能共存的故障模式。文献[73]中设计了一种基于置信规则库的混合可靠性故障诊断方法，与传统的 BRB 不同，该方法考虑了工程实践中影响观测数据的两种干扰因素，包括传感器的性能和外部环境的影响，并将其量化为 BRB 属性的静态可靠性和动态可靠性。文献[74]中针对全局性的未知和不可靠的隐藏行为，提出了一种新的具有功率集并考虑属性可靠性的隐藏 BRB 模型，用于隐藏故障预测。文献[75]中提出了一种基于置信规则库的行走机构健康状态预测方法，解决由于行走机构系统的复杂性和耦合性，难以根据其分析模型来预测未来健康状况的问题。文献[76]中为了解决组合爆炸问题以及降低 BRB 的建模复杂度，将集成学习与 BRB 结合，提出了一种基于自举汇聚方法的 BRB 模型，并成功应用于发动机健康指标预测的实际案例中。文献[77]中使用 BRB 推理方法描述轨道车辆微动开关故障特征和故障模式之间的关系，从而对微动开关的故障状态进行诊断。文献[78]中利用车厢与车轴监测点的垂向振动特征，使用 BRB 推理方法对轨道高低不平顺故障进行检测从而确定轨道的不平顺状态。文献[79]中通过构建基于 BRB 推理的柴油机磨损故障诊断模型来拟合柴油机故障特征和故障模式间的非线性关系，从而实现对柴油机磨损故障的诊断。

置信规则库理论在预测方面有着广泛应用。文献[80]中提出了基于置信规则库的推理方法，以构建决策支持工具，该工具可以帮助医生预测急诊科创伤患者的住院死亡和重症监护病房住院率，优化利用医院资源。文献[81]中基于置信规则库的推理方法，确定了消费者偏好与产品属性之间的关系，并通过市场调查收集的数据进行验证，结果表明，基于置信规则库专家系统的预测模型对训练数据具有较高的拟合能力和准确的预测能力。文献[82]中引入了一种改进的扩展置信规则库的方法，用于对环境治理成本进行预测。为了验证该方法的有效性，进行了一项实验研究——比较我国各省的环境治理的预测成本。比较分析表明，该预测方法不仅可以提供所需的准确性，而且还具有出色的鲁棒性。文献[83]中将云模型与BRB相结合，提出了CBRB模型，并应用到网络安全预测中，取得了较好的效果。Zhou Zhi jie 等[84]在 BRB 复杂系统预测领域深入研究，并取得了一系列的研究成果，其主要研究了复杂系统行为预测、在线监测、考虑状态切换的隐含行为预测等问题，具有很高的参考价值。

在置信规则库结构参数优化方面，文献[85]中在分隔假设下，针对非线性系统建模问题，对BRB的结构及参数进行了联合优化，提高了 BRB 非线性建模的能力及精度。文献[86]中利用 ER 规则融合提出幂集框架下 BRB 的知识表达及推理的新方法，更加有效地表达了确定、不确定、区间、部分和不完全判断知识。文献[87]和文献[88]中分别利用粗糙集和数据包络分析对 BRB 规则进行了约减，优化了 BRB 结构，降低了 BRB 推理过程的复杂程度。对 BRB 模型优化方面的研究也广泛开展，主要考虑的是参数优化和结构优化。在参数优化方面，文献[89]中提出了一种基于给定样本数据生成最优 BRB 参数的学习方法，将 BRB 参数优化过程转化成一个非线性约束优化问题。文献[90]中建立了基于因果强度逻辑的参数学习优化模型，在降低

BRB 参数学习的复杂度和确保 BRB 的精度方面，均表现出了优异的性能。在结构优化方面，文献[91]中将模糊聚类算法和自回归模型结合，得到了更为精确的 BRB 结构。文献[92]中提出了一种针对扩展 BRB 系统的结构优化方法，包括属性优化和规则激活，并利用基准分类数据集验证了所提方法的有效性。在联合优化方面，文献[93]中提出了一种参数和结构的联合优化方法，该方法在提高建模精度和降低建模复杂性方面均表现出了优异的性能。但是，目前对于 BRB 模型优化方面的研究基本都是离线的，不适合实时变化的系统，因此有必要研究 BRB 模型实时优化方法。文献[94]中使用粗糙集方法确定了前提特征参考等级数量及其对应的量化值。文献[95]中使用 K 均值聚类方法确定了前提特征参考值个数及参考值的量化值，解决了因前提特征的参考值过多导致的规则组合爆炸问题。在参数优化方面，文献[96]中提出了基于数值观测值、主观观测值、混合观测值的三种优化学习模型，主要运用 Matlab 的优化工具箱函数对优化模型进行求解。文献[97]中把前提特征的参考等级作为待优化的参数，利用优化模型进行优化。在推理方式优化方面，文献[98]中将前提特征的组合方式由"并"变为"或"，通过改进规则激活权重的计算方式提升模型的适用性。文献[99]中使用 ER 规则融合规则库中被激活的规则，相比证据推理算法，ER 规则适用的场景更多。

如前所述，在航空发动机气路系统中，系统的健康状态可以由其健康状态特征量表征。每一个特征量都可以作为 BRB 的一个输入，即 BRB 的前提属性。通过一系列的特征量形成置信规则，推理得出系统的健康状态。在这一过程中，特征量的重要性、参考值等都可以通过专家的定性知识确定并作为模型的参数。所以，在航空发动机气路系统健康状态预测研究中，引入 BRB 理论是行之有效的。本书在对 BRB 理论体系深入研究的基础上，针对航空发动机气路系统的特点，利用 BRB 进行航空发动机气路系统的健康状态预测研究，并对 BRB 理论及其应用进行丰富及扩展。

2.6 本章小结

  本章主要介绍了 BRB 理论的基本概念、推理过程及其应用与发展,为后续基于 BRB 的航空发动机气路系统健康状态预测建模奠定基础。

第 **3** 章

航空发动机气路系统故障机理分析

3.1 概述

本章对航空发动机气路系统常见故障类型及产生原因进行总结分析。为了及时、准确地确定航空发动机气路系统故障，找出故障原因，对航空发动机气路系统的常见故障进行较全面的概述，并对其故障机理进行详细分析，为航空发动机气路系统的健康状态预测研究打下基础。

3.2 航空发动机气路系统的工作机理分析

本章以涡轮喷气式航空发动机的气路系统为例，对其组成、工作原理和故障机理进行深入分析。

涡轮喷气式航空发动机气路系统在运行时能够实现能量的转化，将燃油中的化学能转化为飞机运行时所需的机械能，维持飞机的运行。吸入的气体需要依次进行加压、燃烧和排气等，涡轮喷气式航空发动机气路系统构成如图 3.1 所示[100]。

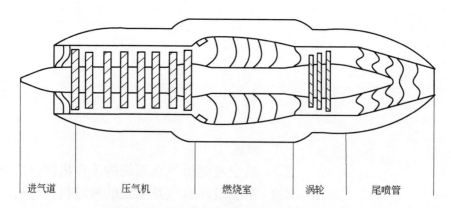

进气道　　　压气机　　　燃烧室　　　涡轮　　　尾喷管

图 3.1 涡轮喷气式航空发动机气路系统结构图

当飞机处于航行状态时，可以视为空气以飞机的飞行速度流向进气道。通过可调管道的调节，将进入进气道的空气调整到合适的速度，在压气机可以承受的气流速度范围内。进气道后面的压气机是专门为流入进气道的气体提供压力的，当气流流入到压气机时，压气机的工作叶片对流入的气流做功，气流的压力和温度升高。高温高压气体进入燃烧室，与气态的燃料混合后一起燃烧。燃烧后产生的高温高压燃气推动涡轮做功，进而带动压气机一起旋转。

从涡轮中流出的高温高压燃气中依然有部分没有充分燃烧的氧气，此时在燃烧室加入燃料，能够产生额外的动力。但是这一过程的油耗惊人，一般只用于起飞阶段。经过燃烧后的高温高压气体在尾喷管处继续膨胀做功，在飞机起飞阶段为飞机提供额外的动力，产生更大的反作用力[101]。

3.3　航空发动机气路系统的故障机理分析

航空发动机气路系统结构复杂，也是航空发动机众多子系统中最容易出现故障的系统，为了及时、准确地确定航空发动机气路系统的故障部位，对航空发动机气路系统的故障机理及常见故障进行较全面的分析，为航空发动机气路系统的故障诊断与状态预测工作打下基础。

3.3.1　压气机部件故障机理分析

压气机的作用是对由进气道进入的气体进一步压缩，使从压气机出气口流出的气体能够达到燃烧室进气口气体的流量和压力要求。压气机部件大体上由转子、静子、防喘振装置和附属系统构成。一旦压气机出现故障，空气流量和压力不能满足要求，会严重影响发动机的工作效率，下面将对压气机各零部件进行故障机理分析。

（1）叶片故障机理分析

叶片是压气机重要零件，其工作好坏直接决定气路系统能否安全稳定工作。根据叶片的工作环境和高速运转的工作状态分析，叶片的主要故障形式有叶片腐蚀、叶片积垢、叶片侵蚀、叶片疲劳损伤。

叶片腐蚀主要包括湿腐蚀和热腐蚀。湿腐蚀是由于压气机的表面与湿润的空气还有盐、酸等物质接触，压气机叶片长期处于一种潮湿的环境，受空气中盐离子和氢离子影响，产生的一种故障形式。热腐蚀指的是燃油燃烧后的残留物对压气机和涡轮表面涂层破坏而形成的快速破坏性腐蚀[102]。

叶片积垢产生的原因是压气机叶片长期处于充满水蒸气和盐离子的环境，能够和气体中的大量盐离子和水蒸气相接触，会在叶片的表面发生化学反应，从而在叶片表面形成致密的垢。压气机一旦出现积垢，会导致其流通能力下降3%左右，同时压气机的效率也会下降 1%左右[103]。

叶片侵蚀产生的机理是燃气中的极细小的固体颗粒与航空发动机气路系统中的部件相接触，使部件表面材料发生脱落。压气机叶片一旦发生侵蚀，会导致其表面的粗糙程度变大，叶尖顶端间隙变大，从而影响涡轮的流畅运转，导致压气机效率下降[104]。

叶片疲劳损伤，会导致叶片出现裂纹，甚至断裂，其疲劳损伤程度通常由叶片的疲劳应力水平和叶片的应力循环次数以及叶片振动应力水平的高低决定[105]。

（2）转子故障机理分析

转子是保证压气机正常工作的重要零件，转子出现故障将严重影响航空发动机正常工作。一般情况下，转子的故障形式主要包括转子不平衡、油膜涡动及油膜振荡、转静碰磨、基座或装配松动。

造成转子不平衡的原因是转子部件质量不均导致偏心以及转子部件出现部分缺失和损伤。转子偏心产生的原因是转子在制造和装配时产生误差以及材质分布不均衡，转子部件部分缺失和损伤是由于转子在工作时会受到腐蚀、磨损、介质结垢以及疲劳力的影响，受到这些因素的影响后，会加剧零件的损伤而使转子产生新的不平衡现象。基座或装配松动一般情况下伴随转子不平衡发生，当出现这种状况时，会发生非线性的振动[106]。

油膜涡动是轴受到瞬时扰动时，涡动力矩相比恢复力矩增大，此时轴心产生涡动现象。这种振动的产生对机械零件的损伤很大，在机器工作时应该尽量避免这种现象的发生。油膜涡动的产生主要是由安装维修、运行操作、机器劣化引起的。安装维修时，轴承间隙不合理，轴承壳体出现过盈配合，轴瓦参数选择不当，运行操作时润滑油质量过低，油温或油压不满足要求都可能造成油膜涡动。另外，轴承的疲劳磨损、腐蚀及气蚀也可造成油膜涡动。油膜振荡产生的原因主要是轴承的承载能力不足、润滑不良、有异物入内或轴承磨损[107]。

（3）静子故障机理分析

压气机静子故障的主要形式是静子与转子之间的碰磨故障。为了保证旋转机械工作效率，需要其静子和转子之间的间隙很小，这就导致在工作过程中，若出现转子不平衡、轴承同心度不良的现象，就会产生碰磨故障，同时振动程度增大。由于航空发动机工作环境复杂，这种故障很容易产生[108]。

（4）防喘振装置故障

喘振故障的形成机理主要是设计或制造不当使得实际流量小于喘振流量，压缩机运行工况点离防喘线太近，运行操作时气流通道堵塞引起气源不足，进气压力太低，进气温度发生变化过大，转速和升压速度加剧。喘振故障产生时，压气机出口总压会降低，此时，发动机转速急剧降低，排气温度迅速上升，推力迅速下降，飞机出现振动、噪声，甚至导致发动机空中停车或严重损坏[109]。

综上，压气机部件故障机理总结如图3.2所示。

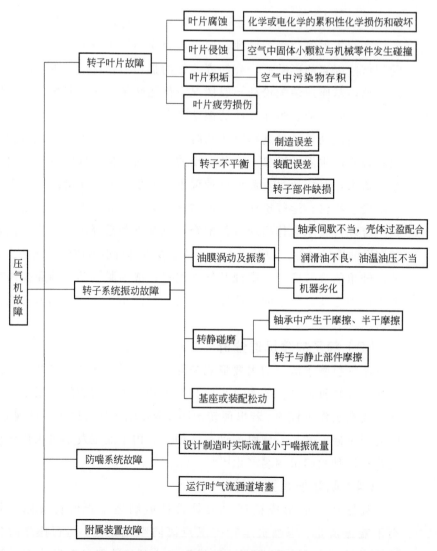

图 3.2　压气机故障形式总结示意图

3.3.2　燃烧室部件故障机理分析

　　航空发动机燃烧室部件的工作原理是将燃油中的化学能转化为热能，提高压气机排出气体的温度，使其能够达到涡轮所需温度，更有利于涡轮部件和其他排气装置内气体膨胀做功。燃烧室主要包括扩压器、壳体、火焰筒、燃油喷嘴、点火器等基本构件。其主要故障形式有喷嘴积炭、燃烧室气流结构异常[110]。

（1）燃烧室喷嘴积炭

如果单纯考虑输出功率的变化对燃烧室性能的影响，发动机出现故障的概率很小。但是一旦由于燃油燃烧不充分导致燃烧室的喷嘴上形成沉淀层，即积炭现象，则会导致燃油无法均匀喷洒，进而使热端部件产生高温。如果积炭现象特别严重，则会导致喷嘴的堵塞，甚至会出现航空发动机在空中突然停止运行的现象，造成无可挽回的后果。所以，积炭现象的严重程度直接影响着发动机的安全性能和使用寿命[111]。

（2）燃烧室气流结构异常

燃烧室内气体流动不合理致使燃烧组织不满足要求，容易导致燃烧室出口的气体温度发生改变，从而导致火焰筒积炭罩等零部件出现积炭现象，造成燃烧室内气体量分布不均衡，使气流结构偏离设计要求。除此之外，喷嘴松动会使喷嘴喷孔与旋流器不同心，也将引起气流分布不均衡，从而导致火焰筒产生局部掉块、裂纹现象，严重时会引起筒体变形[112]。燃烧室部件故障及产生机理如图3.3所示。

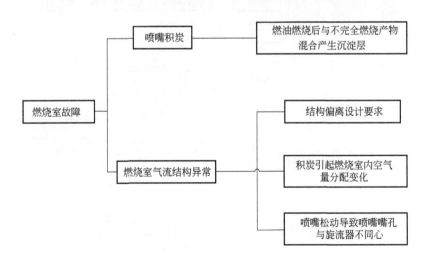

图 3.3　涡轮的故障形式总结示意图

3.3.3 涡轮部件故障机理分析

航空发动机涡轮部件的作用是将高温、高压气体的部分热能和压力能转变成旋转的机械能，为风扇等其他部件提供动力。其故障形式除了压气机转子叶片的腐蚀、侵蚀、积垢、叶片疲劳损伤故障外，主要是热腐蚀故障、振动故障和转静碰磨故障。

热腐蚀故障主要发生在导向器和涡轮叶片上。叶片受热腐蚀破坏后会对流量产生影响，是影响发动机性能、寿命、成本和安全的主要因素之一[113]。涡轮的振动故障和转静碰磨故障与压气机故障机理相似，这里不再论述。综上，涡轮部件故障及产生机理如图 3.4 所示。

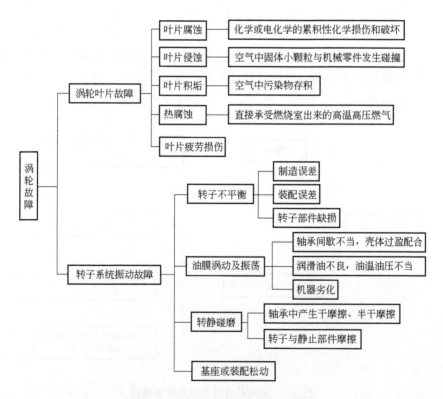

图 3.4 涡轮的故障形式总结示意图

3.4　本章小结

　　航空发动机气路系统故障产生的原因较为复杂，很难对其机理进行全面的分析。本章在研究其工作机理的基础上，将航空发动机气路系统以部件为单元，与航空发动机特殊的运行条件相结合，详细阐述了航空发动机气路系统故障机理，为航空发动机气路系统健康状态预测提供了一定的参考。

第 4 章

基于置信规则库的航空发动机气路系统健康状态预测

4.1 概述

航空发动机气路系统健康状态特征量众多，但是由于航空发动机的高可靠性要求和监测环境的干扰等，导致航空发动机气路系统健康状态特征量存在着监测数据海量、有效故障数据贫乏等问题。如果只利用航空发动机气路系统健康状态的少量有效故障监测数据对航空发动机气路系统进行健康状态预测，得到的航空发动机气路系统健康状态预测模型精度较低，并且这种健康状态预测模型无法解决当航空发动机气路系统的健康状态恰好处于两个健康状态等级交界处时如何对其健康状态进行描述的问题。

针对上述航空发动机气路系统健康状态预测时存在的问题，本章利用置信规则库（BRB）融合航空发动机气路系统健康状态特征量故障监测数据和专家先验知识对航空发动机气路系统进行健康状态概率预测，提高对航空发动机气路系统进行健康状态预测的精度，并且利用隶属度函数（MF）建立航空发动机气路系统健康状态概率和不同健康状态等级之间的关系，确定航空发动机气路系统的健康状态相对于不同健康状态等级的隶属度，以解决当航空发动机气路系统健康状态处于两个健康状态等级交界处时，如何对其健康状态进行描述的问题。

4.2 问题描述

通过上述研究可知，现有的航空发动机气路系统健康状态预测模型存在预测精度低、预测结果不具有可解释性等问题。因此本章主要聚焦如下两个问题，对航空发动机气路系统建立健康状态预测模型。

问题 1：航空发动机气路系统健康状态特征量众多，但是能够反映航空发动机气路系统健康状态变化的故障监测数据 $X = (x_1, x_2, \cdots x_n)$ 十分有限，其中 X 表示航空发动机气路系统健康状态特征量，x_i 表示健康状态特征量故障监测数据。仅利用有限的故障监测数据很难建立起一个准确的健康状态预测模型。为了能够提高对航空发动机气路系统健康状态预测的精度，需要将航空发动机气路系统健康状态特征量的故障监测数据与专家的先验知识 $A = (A_1, A_2, \cdots, A_n)$ 相结合，其中 A 表示由专家知识构成的向量，A_i 表示专家知识向量中的相关参数。因此，本问题的关键是如何利用少量有效的故障监测数据和专家先验知识建立一个航空发动机气路系统健康状态预测模型。

问题 2：现有的健康状态预测模型无法解决当航空发动机气路系统健康状态恰好处于两个健康状态等级交界处时，对其健康状态进行描述的问题。例如，$S = \{S_1 \in [0, 0.5), S_2 \in (0.5, 1]\}$ 表示两个健康状态及其对应的阈值范围。如果系统当前的状态参数恰好是 0.5，此时没有办法判断当前系统处于哪一种健康状态。因此，本问题的关键是当航空发动机气路系统的健康状态恰好处于两个健康状态等级交界处时，如何判断其健康状态的问题。

为了解决上述存在的问题，本章提出了基于 BRB-MF 的航空发动机气路系统健康状态预测模型，该模型包括如下两个步骤：

① 对航空发动机气路系统进行健康状态概率预测。

② 通过隶属度函数确定航空发动机气路系统当前的健康状态相对于不同健康状态等级的隶属度。

假设在 t 时刻航空发动机气路系统的健康状态概率为 $y(t)$，相对于不同健康状态等级的隶属度用 $F_i(t)$ 表示，则本章提出的健康状态预测模型可以表示为：

$$y(t) = f(x_1(t), x_2(t), \cdots, x_N(t), V) \qquad （4-1）$$

$$F_i(t) = g(y(t), G) \quad (i = 1, 2, \cdots, N) \qquad （4-2）$$

式中，$x_i(t)$ $(i = 1, 2, \cdots, N)$ 表示不同的健康状态特征值；$f(\ )$ 表示

由置信规则库（BRB）构造的非线性预测模型函数；V 表示对航空发动机气路系统进行健康状态预测的参数向量；$g(\ )$ 表示由隶属度函数（MF）构造的非线性模型函数；G 表示隶属度函数模型中的参数向量。

因此，本章提出的航空发动机气路系统健康状态预测模型可以表示为：

$$\hat{F}_i(t+p) = g[f(\hat{x}_1(t+p), \hat{x}_2(t+p), \cdots, \hat{x}_N(t+p), V), G] \qquad (4\text{-}3)$$

式中，$\hat{x}_N(t+p)$ 表示对航空发动机气路系统有限的健康状态特征量故障监测数据进行时间序列预测的结果，表示为：

$$\hat{x}_N(t+p) = h(x_N(t), x_N(t-1), \cdots, x_N(t-\tau), M) \qquad (4\text{-}4)$$

式中，M 表示时间序列预测模型中专家知识相关参数构成的向量。

因此，本章提出的航空发动机气路系统健康状态预测模型可进一步表示为：

$$\hat{F}_i(t+p) = g[f(h(X_t, X_{t-1}, \cdots, X_{t-\tau}), V, M, G] \qquad (4\text{-}5)$$

式中，$X_t = [x_1, x_2, \cdots, x_N]$ 表示航空发动机气路系统的健康状态特征量故障监测数据的时间序列预测结果。

因此，本章的研究重点主要是如何建立一个包含 g、f、h 的非线性航空发动机气路系统健康状态预测模型，并且确定该模型的参数 V、G、M。

4.3 基于 BRB-MF 的航空发动机气路系统健康状态预测模型

本章提出的基于 BRB-MF 的航空发动机气路系统健康状态预测模型主要包括如下几个部分：

① 利用 BRB 融合专家知识和航空发动机气路系统健康状态特征量故障监测数据，实现对航空发动机气路系统的健康状态概率预测。

② 利用 CMA-ES（协方差矩阵自适应进化策略）优化算法对专家给出的参数进行优化。

③ 利用隶属度函数建立航空发动机气路系统健康状态概率和不同健康状态等级之间的关系，进而可以确定航空发动机气路系统健康状态相对于不同健康状态等级的隶属度。

本章建立的航空发动机气路系统健康状态预测模型如图 4.1 所示。

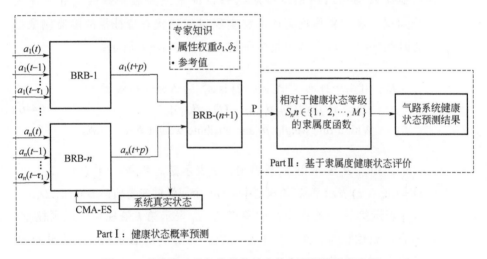

图 4.1　航空发动机气路系统健康状态预测模型示意图

4.3.1　航空发动机气路系统健康状态特征量选择

在第 3 章对航空发动机气路系统故障机理进行深入分析的基础上，发现航空发动机气路系统中压气机和涡轮的故障形式最多，而且故障机理复杂多样。在对航空发动机气路系统进行健康状态预测时，应该选择能够反映压气机和涡轮健康状态的特征量，结合第 3

章中对航空发动机气路系统的故障机理分析，选择航空发动机气路系统的排气温度偏差和高压转子转速偏差作为健康状态特征量，对航空发动机气路系统进行健康状态预测。

4.3.2 基于 BRB 的航空发动机气路系统健康状态概率预测

在对航空发动机气路系统故障机理进行深入分析的基础上，得到和航空发动机气路系统健康状态相关的健康状态特征量。结合少量航空发动机气路系统健康状态特征量故障监测数据 x_n 和专家先验知识，利用置信规则库能够实现对健康状态特征量故障监测数据的时间序列预测，其中第 k 条规则如式（4-6）所示：

$$
\begin{aligned}
R_k: \quad &\text{If } x(t-1) \text{ is } A_1^k \wedge x(t-2) \text{ is } A_2^k \cdots \wedge x(t-\tau) \text{ is } A_\tau^k \\
&\text{Then } x(t) \text{ is } \{(D_1, \beta_{1,k}), \cdots, (D_N, \beta_{N,k})\} \\
&\text{With a rule weight } \theta_k \text{ and attribute weight } \delta_1, \delta_2, \cdots, \delta_N
\end{aligned}
\tag{4-6}
$$

式中，R_k 表示第 k 条规则；τ 表示延迟步数；A_m^k ($k = 1, 2, \cdots, L$, $m = 1, 2, \cdots, \tau$) 表示第 k 条规则中第 m 个属性的参考值；$\boldsymbol{D} = \{D_1, D_2, \cdots, D_N\}$ 表示第 m 个前提属性的参考值；θ_k 表示第 k 条规则的规则权重；δ_i^1 表示属性权重；$\beta_{j,k}$ ($j = 1, 2, \cdots, N; k = 1, 2, \cdots, L$) 表示第 j 个结果 D_j 的置信程度，而且 $D_j \in \boldsymbol{D}$。

基于上述对航空发动机气路系统健康状态特征量时间序列预测的结果，利用 BRB 融合航空发动机气路系统不同的健康状态特征量和专家先验知识对航空发动机气路系统进行健康状态概率预测。本章只考虑航空发动机气路系统受单一故障形式的影响，不考虑不同故障因素之间耦合影响而导致的故障程度增强等现象。对航空发动机气路系统进行健康状态概率预测时的初始参数由专家给出，其中进行健康状态预测的第 k 条规则如式（4-7）所示：

R_k : If x_1 is A_1^k $\wedge$ x_2 is A_2^k $\cdots$ $\wedge$ x_M is A_M^k

Then $\{(D_1, \beta_{1,k}^1), \cdots, (D_N, \beta_{N,k}^1)\}$　　　　　　　　（4-7）

With a rule weight θ_k^1 and attribute weight $\delta_{1,k}^1, \delta_{2,k}^1, \cdots, \delta_{M,k}^1$

式中，R_k 表示第 k 条规则；$x_i (i=1,2,\cdots,M)$ 表示输入的健康状态特征量故障监测数据；$A_m^k (m=1,2,\cdots,M)$ 表示第 k 条规则中第 m 个属性的参考值；$\boldsymbol{D} = \{D_1, D_2, \cdots, D_N\}$ 表示第 m 个前提属性的参考值；θ_k^1 表示第 k 条规则的规则权重；$\delta_{i,k}^1 (i=1,2,\cdots,M)$ 表示属性权重；$\beta_{j,k} (j=1, 2,\cdots,N; k=1,2,\cdots,L)$ 表示第 j 个结果 D_j 的置信程度，且 $D_j \in \boldsymbol{D}$。

4.3.3　基于 CMA-ES 优化算法的参数优化

上述航空发动机气路系统健康状态预测模型中初始参数由专家给定，但是专家知识存在一定程度的主观性，这会导致航空发动机气路系统健康状态概率预测结果精度低。为了弥补专家知识的主观性，提高航空发动机气路系统健康状态预测模型的精度，本章采用 CMA-ES 优化算法对专家给出的初始参数进行优化，提高航空发动机气路系统健康状态预测模型的精度。

航空发动机气路系统健康状态预测结果 $\hat{y}_n$ 如式（4-8）所示，均方根目标函数的构造如式（4-9）所示：

$$\hat{y}_n = \mu(\boldsymbol{D}(x)) \qquad \boldsymbol{D}(x) = \{(S_m, \beta_m); m=1,2,\cdots,M\} \qquad (4\text{-}8)$$

$$\xi(V) = \frac{1}{T} \sum_{n=1}^{T} (y_n - \hat{y}_n)^2 \qquad (4\text{-}9)$$

式中，$V = [\theta_k, \delta_i, \beta_{j,k}, \mu(D_j)]^{\mathrm{T}}$ 代表置信规则库的参数向量；T 代表监测数据的个数。

为了使 $\hat{y}_n$ 和 y_n 尽可能接近，构造目标函数 $\min_{V}\{\xi(V)\}$，上述目标函数的约束条件如式（4-10）所示。

$$
\begin{aligned}
&0 \leqslant \theta_k \leqslant 1, \ k=1,2,\cdots,L \\
&0 \leqslant \delta_i \leqslant 1, \ i=1,2,\cdots,N \\
&0 \leqslant \beta_{j,k} \leqslant 1, \ j=1,2,\cdots,M; k=1,2,\cdots,L \\
&\sum_{j=1}^{M} \beta_{j,k} \leqslant 1, \ k=1,2,\cdots,L
\end{aligned}
\qquad (4\text{-}10)
$$

为了解决带有一些约束的目标函数，本章选用了一种新型的智能优化算法——CMA-ES 算法。CMA-ES 优化算法可以用于解决非线性和不连续的优化问题。通过调节协方差矩阵可以得到优化的方向，并且可以快速收敛得到最优解。使用 CMA-ES 优化算法能够有效解决因专家知识的主观性导致的预测精度低的问题。该算法的具体执行过程如下所示。

步骤 1：采样操作。首先将解决的方案作为期望值，然后生成正态分布的总体。大体的过程如式（4-11）所示，其中初始矩阵是置信规则库预测模型中的初始参数。

$$V_q^{g+1} \sim mean^g + \eta^g N(0, C^g)\ (q = 1, \cdots, \lambda) \tag{4-11}$$

式中，g 表示第 g 代；$mean$ 是中心期望；η 是步长；C 表示协方差矩阵。

步骤 2：多目标约束。约束条件被转化为约束对象的函数。例如，参数向量 V_q 包含置信规则库模型中第 k 条规则的置信度，而且 $\beta_{j,k} \in V_q$。在约束条件 $\sum_{j=1}^{N} \beta_{j,k} = 1$ 下，目标函数如式（4-12）所示。

$$H_k(\beta_{j,k}) = \left| \sum_{j=1}^{M} \beta_{j,k} - 1 \right| \tag{4-12}$$

步骤 3：选择和重组。在这一步中，中心期望将被抵消以优化解决方案。通过这一过程，矩阵再次被更新，选择最优的结果作为参考继续进行迭代更新，如式（4-13）所示：

$$mean^{g+1} = \sum_{i=1}^{\varepsilon} \gamma_i V_{i:\lambda}^{g+1} \tag{4-13}$$

式中，γ_i 是属性权重，其加和为 1；λ 是属性权重的数目；$V_{i:\lambda}^{g+1}$ 是第 i 层第（$g+1$）代的优化结果。

步骤 4：更新协方差矩阵。协方差矩阵的更新过程如式（4-14）～式（4-17）所示。

$$C^{g+1} = (1 - a_1 - a_\varepsilon)C^g + a_1 b^{g+1}(b^{g+1})^T + a_\varepsilon \sum_{i=1}^{\varepsilon} \gamma_i \left(\frac{V_{i:\lambda}^{g+1} - mean^g}{\eta^g} \right) \left(\frac{V_{i:\lambda}^{g+1} - mean^g}{\eta^g} \right)^T$$

$$\tag{4-14}$$

式中，a_1 和 a_e 是学习因子；b 是进化的路径，进化路径的初始值全部设置为 0，b 通过式（4-15）进行更新。

$$b^{g+1} = (1-a_b)b^g + \sqrt{a_b(2-a_b)\left(\sum_{i=1}^{\varepsilon}\gamma_i^2\right)^{-1}} \frac{mean^{g+1} - mean^g}{\eta^g} \quad （4-15）$$

式中，$a_b \leqslant 1$ 是进化路径的相关参数；η 表示步长，其更新过程如式（4-16）所示。

$$\eta^{g+1} = \eta^g \exp\left[\frac{a_\eta}{d_\eta}\left(\frac{\|b_\eta^{g+1}\|}{E\|N(0, I)\|} - 1\right)\right] \quad （4-16）$$

式中，d_η 是阻尼系数；$E\|N(0, I)\|$ 是 $\|N(0, I)\|$ 的期望值；I 是单位矩阵；a_η 是进化路径 b_η^g 的参数；b_η 可以由式（4-17）得到。

$$b_\eta^{g+1} = (1-a_\eta)b_\eta^g + \sqrt{a_\eta(2-a_\eta)\left(\sum_{i=1}^{\varepsilon}\gamma_i^2\right)^{-1}} C^{(g)-\frac{1}{2}\times\frac{mean^{g+1} - mean^g}{\eta^g}} \quad （4-17）$$

重复进行上述过程，直到达到精度要求为止，即可获得预测模型的最优参数 V_{best}。

4.4　航空发动机气路系统健康状态等级的确定

现有的对航空发动机气路系统进行健康状态预测的方法大多是对航空发动机气路系统进行健康状态概率预测，得到的健康状态预测结果只是当前航空发动机气路系统相对于"故障"状态的概率。虽然这种方法能够起到对航空发动机气路系统健康状态进行预测的作用，但是也只能得到航空发动机气路系统出现故障的概率，无法对其健康状态进一步描述，可解释性不强。在对航空发动机气路系统的健康状态进行描述时，需要对其进行量化，并且不同的量化等级之间没有明确的界限，只存在模糊的过渡关系。如果设定"安全"这个状态对应的阈值范围为[0，0.5]，"危险"这个状态对应的阈值范围是（0.5，1]，若当前航空发动机气路系统对应的阈值是 0.5，根据上述两种状态对应的阈值范围，此时航空发动机气路系统应该处于"安全"状态。但是，由于航空发动机气路系统处于两个健康状态等级临界处，此时航空发动机气路系统出现故障的概率还是非常高的。

为了能够让航空发动机气路系统的健康状态预测结果更具可解释性，需要对航空发动机气路系统的健康状态等级进行划分，并且在此基础上采用一种模糊评价机制，对航空发动机气路系统的健康状态预测结果进行模糊评价处理，以解决航空发动机气路系统健康状态恰好处于两个健康状态等级交界处时，对其健康状态进行描述的问题。

对航空发动机气路系统健康状态等级的划分既不能过于宽泛，也不能太详细。划分的健康状态等级数目过少，则达不到对航空发动机气路系统进行健康状态预测的目的；划分的健康状态等级数目太多，则会使模型的建立十分困难，而且计算复杂程度增加。本章将航空发动机气路系统的健康状态划分为五个等级，并且对不同的健康状态等级进行描述[114]，见表 4-1。

表 4-1 航空发动机气路系统健康状态等级

等级	健康等级	健康状态等级描述
Ⅰ	健康	安全性优秀，故障可能性小
Ⅱ	亚健康	安全性合格，故障可能性较小
Ⅲ	合格	安全性基本合格，故障可能性在可以接受的范围
Ⅳ	异常	安全性处于超标的边缘，故障可能性较大
Ⅴ	故障	安全性严重偏离安全区域，故障可能性很大

由于航空发动机气路系统健康状态概率和健康状态等级之间存在模糊的过渡关系，比如当航空发动机气路系统健康状态处于"健康"和"亚健康"两个健康状态等级临界处时，航空发动机气路系统既有可能处于"健康"状态，也有可能处于"亚健康"状态，或者航空发动机气路系统同时具有两个临界状态的特性，需要确定航

空发动机气路系统健康状态概率与不同健康状态等级之间的关系。为了让建立的航空发动机气路系统健康状态预测模型更加合理，实现对航空发动机气路系统出现故障之前健康状态的预测和解决当航空发动机气路系统的健康状态恰好处于两个健康状态等级交界处时，对其健康状态进行描述的问题，本节建立航空发动机气路系统健康状态概率和不同健康状态等级之间的隶属度函数关系，实现对航空发动机气路系统的健康状态预测。

隶属度函数是一种模糊评价方式，其特点是对于评价的结果既不是绝对的肯定也不是否定，而是用一个模糊集合来表示[115]。因此，利用隶属度函数的模糊评价作用，建立航空发动机气路系统健康状态概率和不同的健康状态等级之间的隶属度函数关系，可以确定航空发动机气路系统健康状态相对于不同健康状态等级的隶属度，实现对航空发动机气路系统健康状态预测结果的模糊评价。

假设航空发动机气路系统的健康状态概率范围是[0，1]，其中 0 代表航空发动机气路系统处于完全健康的状态，1 代表航空发动机气路系统处于完全失效的状态。结合上述对航空发动机气路系统健康状态等级的划分，现确定健康状态等级 Ⅰ 对应的阈值范围是[0，0.2），健康状态等级 Ⅱ 对应的阈值范围是[0.2，0.4），健康状态等级 Ⅲ 对应的阈值范围是[0.4，0.6），健康状态等级 Ⅳ 对应的阈值范围是[0.6，0.8），健康状态等级 Ⅴ 对应的阈值范围是[0.8，1]，并针对航空发动机气路系统的不同健康状态等级，采用不同类型的隶属度函数建立健康状态概率和不同健康状态等级之间的隶属度关系模型。选择"Z"形隶属度函数描述航空发动机气路系统处于健康状态等级 Ⅰ 时，航空发动机气路系统出现故障的概率和其健康状态等级之间的隶属度关系，详见图 4.2（a）；选择三角形隶属度函数描述航空发动机气路系统处于健康状态等级 Ⅱ、Ⅲ、Ⅳ 时，航空发动机气路系统健康状态概率和不同健康状态等级之间的隶属度关系，详见图 4.2（b）～（d）；选择"S"形隶属度函数描述当航空发动机气路系统处于健康状态等级 Ⅴ 时，其健康状态概率和健康状态等级之间的隶属度关系，详见图 4.2（e）。

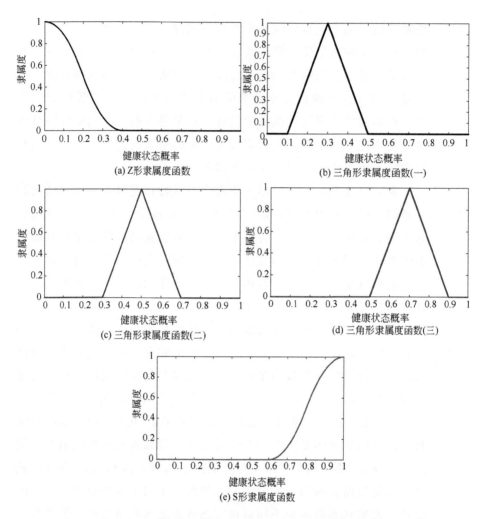

图 4.2　健康状态概率和健康状态等级之间的隶属度关系

　　通过上述建立的航空发动机气路系统健康状态概率和航空发动机气路系统不同健康状态等级之间的隶属度关系，可以得到航空发动机气路系统健康状态概率，即可确定航空发动机气路系统相对于不同健康状态等级的隶属度，能够显著地解决航空发动机气路系统健康状态恰好处于两个健康状态等级临界处时，对其健康状态进行描述的问题。

4.5 案例分析

为了验证本章提出的航空发动机气路系统健康状态预测模型的合理性，选择某航空公司 CF6-80C2A5 型发动机的拆换记录对本章提出的航空发动机气路系统健康状态预测模型进行验证。结合上述对航空发动机气路系统的故障机理分析，选择航空发动机气路系统的排气温度偏差和高压转子转速偏差作为健康状态特征量，对航空发动机气路系统进行健康状态预测，详细数据如图 4.3 和图 4.4 所示。

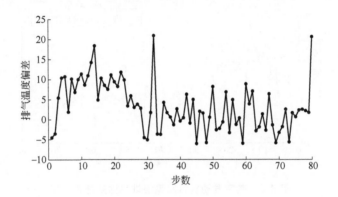

图 4.3　排气温度偏差数据

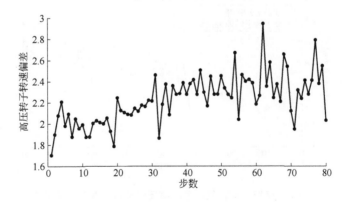

图 4.4　高压转子转速偏差数据

4.5.1 数据的滤波处理

在数据获取的过程中，由于环境干扰或传感器精度的影响，会使获取的数据中存在大量的噪声，因此需要对采集到的故障监测数据进行卡尔曼滤波处理，其滤波原理如式（4-18）所示，其中常数 a 和 c 分别表示模型参数和测量模型参数，滤波结果如图 4.5 和图 4.6 所示。

$$\hat{s}(n) = a\hat{s}(n-1) + G_n[x(n) - ac\hat{s}(n-1)] \tag{4-18}$$

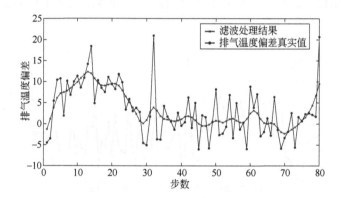

图 4.5　航空发动机气路系统排气温度滤波结果

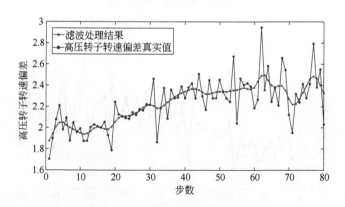

图 4.6　航空发动机气路系统高压转子转速偏差滤波结果

　航空发动机气路系统健康状态预测方法

4.5.2 基于 BRB 的航空发动机气路系统健康状态概率预测

（1）航空发动机气路系统健康状态特征量时间序列预测

由图 4.5 和图 4.6 可知，航空发动机气路系统健康状态特征量故障监测数据十分有限。如果仅采用有限的航空发动机气路系统健康状态特征量故障监测数据对航空发动机气路系统进行健康状态预测，得到的健康状态预测结果精度低。为了解决仅依靠少量故障监测数据对航空发动机气路系统进行健康状态预测精度低的问题，本章利用置信规则库融合航空发动机气路系统少量的故障监测数据和专家先验知识提高对航空发动机气路系统进行健康状态预测的精度。根据专家知识，对航空发动机气路系统的排气温度偏差和高压转子转速偏差两个健康状态特征量分别设定四个参考点，用 N、M、H、VH 分别代表正常、中等、高、很高，具体的量化值如表 4-2 所示。

表 4-2 航空发动机气路系统健康状态特征量参考值

语义值	N	M	H	VH
排气温度偏差	−2.4	2.5	7.4	12.4
高压转子转速偏差	1.8	2.0	2.3	2.5

在健康状态特征量时间序列预测模型中，延迟步数 $\tau=2$，预测步数 $p=1$。由于上述两个健康状态特征量参考点均设置为 4 个，所以一共存在 16 条规则，结合上述少量的故障监测数据和专家先验知识构造健康状态特征量时间序列预测初始模型，对上述的两个健康状态特征量进行时间序列预测，每条规则对应的初始置信度由专家给定，详见表 4-3。

表 4-3 初始 BRB 预测模型的置信度

规则编号	$x(t)$AND $x(t-1)$	置信度 $\{D_1, D_2, D_3, D_4\}$
1	N AND N	(0,1,0,0)
2	N AND M	(0.6,0,0,0.4)

规则编号	$x(t)$AND $x(t-1)$	置信度 $\{D_1,D_2,D_3,D_4\}$
3	N AND H	(0.5,0,0.5,0)
4	N AND VH	(0.1,0,0.9,0)
5	M AND N	(1,0,0,0)
6	M AND M	(0.5,0.5,0,0)
7	M AND H	(0,1,0,0)
8	M AND VH	(0,0,0.5,0.5)
9	H AND N	(0,0.2,0.8,0)
10	H AND M	(0,0.4,0.6,0)
11	H AND H	(0.7,0,0.3,0)
12	H AND VH	(0,0,0.5,0.5)
13	VH AND N	(0.4,0,0.6,0)
14	VH AND M	(0.8,0,0,0.2)
15	VH AND H	(0,0,1,0)
16	VH AND VH	(0.3,0,0,0.7)

由于专家知识具有一定的主观性，会使航空发动机气路系统健康状态预测结果具有一定程度的误差。为了提高航空发动机气路系统健康状态特征量时间序列预测结果的精度，克服因专家知识主观性产生的不确定性，需要利用 CMA-ES 优化算法[116]对上述健康状态特征量时间序列预测模型中由专家给出的参数进行优化，迭代次数设置为 500。两个健康状态特征量时间序列预测模型的参数经过优化后更新的参数如表 4-4 和表 4-5 所示。

表 4-4　经过优化后的排气温度偏差置信度

规则编号	$x(t)$AND $x(t-1)$	置信度 $\{D_1,D_2,D_3,D_4\}$
1	N AND N	(0.067471,0.444641,0.412738,0.07515)
2	N AND M	(0.284484,0.306296,0.217246,0.191974)
3	N AND H	(0.283654,0.12222,0.282109,0.312018)
4	N AND VH	(0.528186,0.205603,0.209657,0.056554)
5	M AND N	(0.837629,0.108553,0.02377,0.030048)

规则编号	$x(t)$ AND $x(t-1)$	置信度 $\{D_1,D_2,D_3,D_4\}$
6	M AND M	(0.410296,0.314038,0.03181,0.243856)
7	M AND H	(0.089721,0.161532,0.324373,0.424373)
8	M AND VH	(0.085559,0.280462,0.190165,0.443814)
9	H AND N	(0.133626,0.592918,0.111606,0.161849)
10	H AND M	(0.020687,0.232157,0.375878,0.371278)
11	H AND H	(0.191792,0.061321,0.08299,0.663897)
12	H AND VH	(0.247792,0.321502,0.132951,0.297755)
13	VH AND N	(0.206588,0.149312,0.246661,0.397439)
14	VH AND M	(0.145951,0.180765,0.106762,0.566522)
15	VH AND H	(0.468404,0.268239,0.092345,0.171013)
16	VH AND VH	(0.034978,0.051346,0.118371,0.795306)

表 4-5　经过优化后高压转子转速偏差置信度

规则编号	$x(t)$ AND $x(t-1)$	置信度 $\{D_1,D_2,D_3,D_4\}$
1	N AND N	(0.849251,0.107538,0.031617,0.011595)
2	N AND M	(0.262535,0.05726,0.481624,0.198581)
3	N AND H	(0.34121,0.126927,0.380802,0.15106)
4	N AND VH	(0.103627,0.01365,0.387692,0.495032)
5	M AND N	(0.432011,0.121677,0.245005,0.201307)
6	M AND M	(0.566022,0.271713,0.060142,0.102123)
7	M AND H	(0.372055,0.212866,0.108192,0.306888)
8	M AND VH	(0.085127,0.48667,0.411176,0.017028)
9	H AND N	(0.315767,0.369283,0.136166,0.178784)
10	H AND M	(0.442668,0.028961,0.485317,0.043055)
11	H AND H	(0.025734,0.237797,0.335409,0.40106)
12	H AND VH	(0.455336,0.172148,0.27185,0.100666)
13	VH AND N	(0.054907,0.204152,0.130744,0.610198)
14	VH AND M	(0.134014,0.250845,0.384123,0.231018)
15	VH AND H	(0.167504,0.033034,0.368176,0.431285)
16	VH AND VH	(0.029627,0.066693,0.097868,0.805811)

将所有的数据作为测试数据进行验证，预测结果如图 4.7 和图 4.8 所示，两种航空发动机气路系统健康状态特征量时间序列预测模型都能够实现对健康状态特征量变化情况的预测。

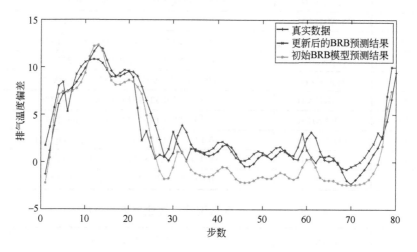

图 4.7　排气温度偏差时间序列预测结果

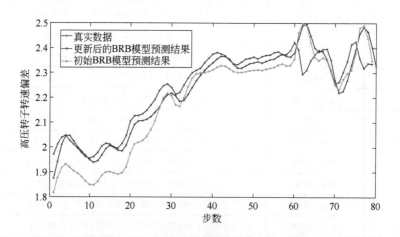

图 4.8　高压转子转速偏差时间序列预测结果

根据图 4.7 和图 4.8 两个健康状态特征量的时间序列预测结果可知，更新后的 BRB 健康状态特征量时间序列预测模型能够更好地实现对航空发动机气路系统健康状态特征量的预测。通过计算不同健康状态特征量时间序列预测模型预测结果与健康状态特征量真实状态条件下结果的均方根误差，如表 4-6 所示，可知更新后的置信规则库健康状态特征量时间序列预测结果的精度最高。

表 4-6　不同健康状态特征量时间序列预测模型的均方根误差

均方根误差	初始 BRB 预测模型	更新后的 BRB 预测模型
排气温度偏差	1.6210	1.2615
高压转子转速偏差	0.0920	0.0574

（2）航空发动机气路系统健康状态概率预测

　　基于上述不同的时间序列预测模型对航空发动机气路系统两个健康状态特征量预测结果，利用置信规则库结合专家知识设定参考值如表 4-2 所示，可以得到航空发动机气路系统的健康状态概率预测结果，如图 4.9 所示。可以看出，更新后的健康状态概率预测模型能够更好地实现对航空发动机气路系统健康状态概率的精确预测。通过计算不同健康状态概率预测模型的均方根误差，如表 4-7 所示，可知更新后的 BRB 预测模型的预测结果精度最高。

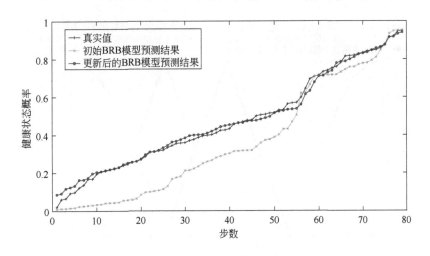

图 4.9　航空发动机气路系统的健康状态概率预测结果

表 4-7　不同健康状态概率预测模型均方根误差值

预测模型	初始 BRB 预测模型	优化后的 BRB 预测模型
均方根误差值	0.0886	0.0206

由图 4.9 可知，航空发动机气路系统的健康状态概率预测结果是缓慢变化的，并且能够在一定程度上起到对航空发动机气路系统健康状态预测的作用，但是预测的结果只能判断航空发动机气路系统当前是否处于故障状态，无法判断航空发动机气路系统健康状态相对于不同健康状态等级的隶属度。因此，需要建立健康状态概率和航空发动机气路系统不同健康状态等级之间的隶属度关系。

（3）基于 MF 的航空发动机气路系统健康状态预测

根据表 4-1，航空发动机气路系统一共存在五个健康状态等级，将上述对航空发动机气路系统健康状态概率预测结果等分为五份，并且利用隶属度函数建立健康状态概率和不同健康状态等级之间的关系。当健康状态概率低于 10% 时，航空发动机气路系统的安全性最佳，应该被划分为"等级 I：健康"，即此时航空发动机气路系统相对于健康状态等级 I 的隶属度最大，当健康状态概率高于 90% 时，等级 V 的隶属度最大。根据此原理，建立如下的隶属度函数和健康状态概率之间的关系，函数图像如图 4.10 所示。

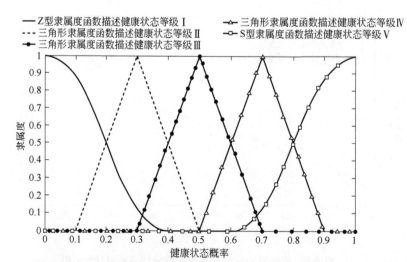

图 4.10　航空发动机气路系统的健康状态概率和健康状态等级之间的关系

航空发动机气路系统健康状态概率和不同健康状态等级之间的关系如表 4-8 所示。

表 4-8　航空发动机气路系统健康状态相对于不同的健康状态等级的隶属度

健康状态概率	I	II	III	IV	V
0	1	0	0	0	0
0.2	0.2514	0.7486	0	0	0
0.4	0	0.7513	0.2487	0	0
0.6	0	0	0.6321	0.3679	0
0.8	0	0	0	0.7219	0.2781
1	0	0	0	0	1

4.6　对比分析

为了验证上述对航空发动机气路系统进行健康状态概率预测的准确性，选择隐马尔可夫模型作为对比，其初始参数设置与上述提出的基于 BRB 的航空发动机气路系统健康状态概率预测模型相同，其健康状态特征量时间序列预测结果的对比情况如图 4.11 和图 4.12 所示，健康状态概率预测结果如图 4.13 所示。

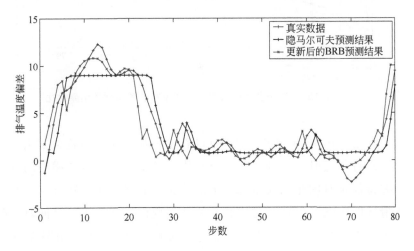

图 4.11　排气温度偏差时间序列预测结果对比

第 4 章　基于置信规则库的航空发动机气路系统健康状态预测　　057

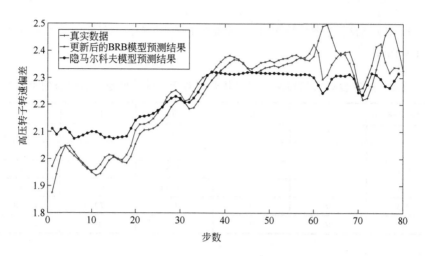

图 4.12　高压转子转速偏差时间序列预测结果对比

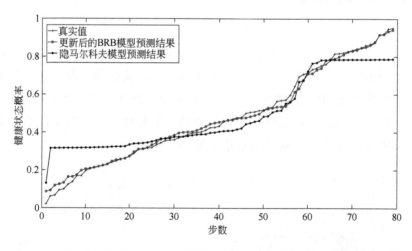

图 4.13　航空发动机气路系统健康状态概率预测结果对比

通过图 4.11 和图 4.12 可以看出，与优化后的置信规则库健康状态特征量时间序列预测结果相比，基于隐马尔可夫模型的健康状态特征量时间序列模型总体上能够实现对健康状态特征量真实变化情况的跟随，但是在健康状态特征量变化范围较小的时间段，隐马尔可夫模型无法实现对健康状态特征量的准确预测。由图 4.13 可以看出，经过优化后的 BRB 健康状态概率预测模型能够准确地实现对航空发动机气路系统健康状态概率的预测，隐马尔可夫健康状态概率预测模型在中间时间段能够有效地实现对航空发动机气路系统健康状态概率的预测，但无法实现起始阶段和结束阶段对航空发动机气路系统健康状态的准确预测，通过计算不同的健康状态预测模型预测结果均方根误差值可知，更新后的 BRB 预测模型的精度更高，如表 4-9 所示。

表 4-9   隐马尔可夫模型与优化后的 BRB 模型均方根误差

均方根误差	隐马尔可夫模型	更新后的 BRB 预测模型
排气温度偏差	1.8567	1.4615
高压转子转速偏差	0.0930	0.0574
健康状态概率	0.1292	0.0206

4.7   本章小结

本章建立了基于 BRB-MF 的航空发动机气路系统健康状态预测模型，利用 BRB 对航空发动机气路系统进行了健康状态概率预测，利用 CMA-ES 优化算法对专家给出的参数进行优化，以提高航空发动机气路系统健康状态概率预测模型的精度，利用 MF 建立起航空发动机气路系统健康状态概率和不同健康状态等级的关系，确定了航空发动机气路系统的健康状态相对于不同的健康状态等级的隶属度。选择 CF6-80C2A5 型航空发动机气路系统的拆换记录验证了本章建立的航空发动机气路系统的健康状态预测模型，结果表明本章建立的航空发动机气路系统健康状态预测模型能够有效地实现对航空发动机气路系统健康状态的预测，有效解决了当航空发动机气路系统健康状态处于两个健康状态等级交界处时，对其健康状态进行描述的问题。

第5章

基于多特征置信规则库的航空发动机气路系统健康状态预测

5.1 概述

由于航空发动机气路系统采用了独特的制造工艺和极其特殊的材料，频繁维护和更换气路系统部件的可能性不大，因此应通过对气路系统的多个性能参数进行健康状态预测来监测航空发动机的性能，从而制订维修计划。

为了实现对航空发动机气路系统准确的健康状态预测，本章提出一种基于多特征置信规则库（MBRB）的航空发动机气路系统健康状态预测方法。在分析气路系统工作机理、故障机理的基础上，考虑现有方法采用一个或两个性能参数对气路系统进行预测的局限性，根据气路系统的多个性能参数确定能够反映航空发动机气路系统健康状态信息的特征量，利用 BRB 建立气路系统健康状态预测模型。在此过程中，由于专家知识的不确定性，利用基于投影协方差矩阵自适应进化策略（P-CMA-ES）优化预测模型中的参数，最后进行仿真分析，验证模型的有效性。

5.2 航空发动机气路系统健康状态特征量分析

以涡轮发动机的气路系统为例，在第 3 章对涡轮发动机气路系统的工作机理和故障机理进行了分析，并确定了能够表征航空发动机气路系统健康状态的特征量。

通过以上分析，气路系统各个部件故障的发生将会影响航空发动机气路系统的健康状态。发动机性能状态变化可以通过气路系统子部件的一些效率参数来呈现。发动机在运行过程中发生叶尖间隙增大、燃烧室喷嘴积炭、涡轮叶片烧损等故障时，燃烧室、尾喷管等部件的效率参数退化，从而引起部件压力、温度等性能参数变化。研究表明，利用航空发动机气路系统的各个子部件的效率、流通能力等参数可以判断气路系统的健康状态。通过国内某研究所的某型航空发动机的故障数据,统计气路系统的各个子部件由于健康状态变化所引起的参数变化情况,如表 5-1 所示[117]。

由表 5-1 可知,当发动机气路系统的部件出现故障时,气路系统各个部件能直接反映系统部件工作状态变化及故障特性的效率参数会上升或下降。效率参数可以通过气路系统的压力、推力、转速等性能参数来描述。

表 5-1　某型发动机发生气路部件故障时效率参数变化量

气路部件故障类型	效率参数变化量
压气机叶片积垢	压气机效率降低 2%
压气机叶片受外物刮损	压气机效率降低 5%
压气机叶片顶端间隙增大	压气机效率降低 4%
压气机叶片腐蚀	压气机效率降低 2%
涡轮叶片磨损	低压涡轮流量增加 6%、效率下降 2%
燃烧室扭曲变形	燃烧室压力恢复系数下降 10%
涡轮喷嘴腐蚀	涡轮流量增加 6%
涡轮叶片受外来物刮损	涡轮效率下降 5%
涡轮叶片积垢	涡轮流量下降 6%、效率下降 2%
喷嘴腐蚀	喷嘴面积增加 6%

因此,将航空发动机气路系统运行过程中的性能参数作为反映气路系统健康状态的特征量[118]。文献[119]中利用发动机的巡航高压转子转速、巡航燃油流量、起飞排气温度等气路性能参数,去单独反映航空发动机的健康状态。文献[120]中分析飞机发动机的燃料流量、机油压力、废气温度等性能参数,以反映气路系统的健康状态。

在对文献和工作机理、故障机理进行分析的情况下,得出一些可能会影响航空发动机气路系统健康状态的性能参数,如图 5.1 所示。

在工程实际中,性能参数的选取应该考虑发动机的测量条件:能呈现气路系统的性能变化;选取小关联度的参数[121]。由于健康状态变化对压气机前的气流没有影响，并且考虑到健康状态与性能参数的关联度，有效、准确地选择能表征航空发动机气路系统健康状态信息的性能参数。废气温度能呈现多数故障信息，特别是涡轮效率的改变，因此废气温度应当被选择作为衡量健康状态的特征量；涡轮入口温度所包含的信息是对压气机效率参数的反映，所以压气机的状态可以通过涡轮入口温度确定；燃气室的效率可以通过燃油质量和流量来判断，因此，燃油质量和流量可以作为健康状态特征量之一；推力作为衡量航空发动机整体效率的性能参数，可以作为健康状态特征量之一。因此，本章选择涡轮进口温度、燃料质量流量、废气温度、推力作为反映航空发动机气路系统健康状态的特征量。

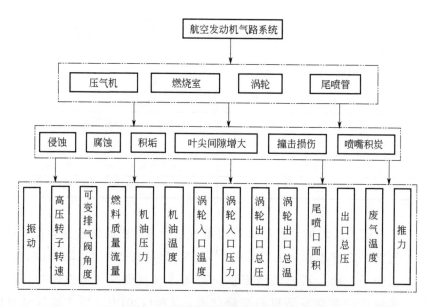

图 5.1 航空发动机气路系统健康状态特征量

本章基于选择的涡轮进口总温度、燃料质量流量、废气温度、推力健康状态特征量，融合专家知识，建立基于多特征量的航空发动机气路系统健康状态预测模型，动态、全面地反映气路系统的健康状态。

5.3　基于多特征置信规则库的航空发动机气路系统健康状态预测

现有的基于数据和基于物理模型的方法中都利用现有故障模式的相关数据，而航空发动机的运行状态复杂，难以得到每种故障模式的信息，并且利用现有航空发动机气路系统健康状态预测方法对气路系统进行预测时，基本上只采用了单个或两个性能参数，其中包含的健康状态信息不完全，导致建立的模型精度不高。

为了尽量让模型输入包含丰富的健康状态信息，并考虑专家知识，应使用多个航空发动机气路系统性能参数作为输入特征量并基于置信规则库进行建模，以提高健康状态预测模型的准确性。因此，本章提出一种基于多特征置信规则库的预测模型。该方法首先基于当前和历史数据以及一些专业知识来构建预测模型，然后使用 ER 对多特征量进行融合，最后将 P-CMA-ES 作为优化算法，优化专家给出的初始参数。

5.3.1　问题描述

航空发动机气路系统健康状态可以通过气路系统的多个性能参数来呈现。利用现有的方法对气路系统的健康状态进行预测时，采用单个或两个气路系统性能参数，可能无法包含所有状态信息，为了建立更准确的健康状态预测模型，需要利用多个气路系统性能参数。

设航空发动机气路系统健康状态在时间点 t 为 $y(t)$。具有以下多个特征的航空发动机气路系统健康状态可以描述为：

$$\hat{y}(t+p) = f(\hat{x}_{1(t+p)}, \hat{x}_{2(t+p)}, \cdots, \hat{x}_{M(t+p)}, V) \qquad (5\text{-}1)$$

式中，$x_m(n=1,2,\cdots,M)$ 是航空发动机气路系统的特征之一；$\hat{y}(t)$ 是 $y(t)$ 的估计量；$\hat{x}_m$ 是 x_{nt} 的估计量；f 是非线性 BRB 模型；V 是该

模型中的参数集；p 是预测步骤。

5.3.2　模型的建立

　　本章提出的基于多特征置信规则库（MBRB）的航空发动机气路系统健康状态预测模型主要包括三个部分。选取具有不同物理特性的航空发动机气路系统性能参数作为健康特征量，通过 ER 算法融合这些健康特征量，从而实现航空发动机气路系统健康状态动态、综合预测。模型构建如图 5.2 所示。

　　在考虑了系统的相关特性之后，提出了一种基于 MBRB 的健康状态预测模型。MBRB 不仅融合了专家知识，还考虑了单个特征量拥有的健康状态信息不完整的问题。

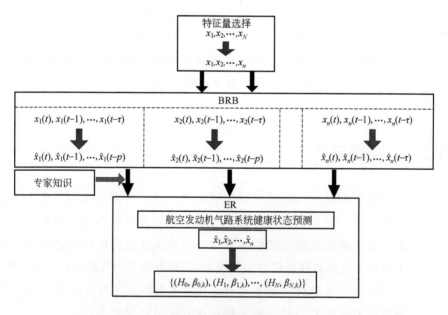

图 5.2　模型的建立

　　在健康状态预测过程中，考虑到专家知识有一定的局限性，故将 P-CMA-ES 算法用于更新初始参数，以此来构建更紧凑、更准确的健康状态预测模型。建模过程如下。

步骤 1：假定总共可以使用 n 个特征来表示航空发动机气路系统的健康状态，基于当前和历史数据以及一些专业知识，健康状态预测模型可以建立为：

$$R_k : \text{If } x_1(t+1) \text{ is } A_1^k \wedge x_2(t+1) \text{ is } A_2^k \wedge \cdots \wedge x_n(t+1) \text{ is } A_n^k$$
$$\text{Then } \{(H_1, \beta_{1,k}), \cdots, (H_N, \beta_{N,k})\} \tag{5-2}$$
$$\text{With a rule weight } \theta_k \text{ and attribute weight } \overline{\delta}_1, \overline{\delta}_2, \cdots, \overline{\delta}_n$$

式中，R_k 代表第 k 个置信度规则；x_n 表示航空发动机气路系统的第 n 个前提属性；n 表示前提属性的数量；$A_n^k(k=1,2,\cdots,L)$ 表示第 n 个前提属性的参考值；$H = \{H_1, H_2, \cdots, H_N\}$ 表示健康状态等级；$\beta_{b,k}(b=1,2,\cdots,N; k=1,2,\cdots,L)$ 表示第 b 个结果 H_b 的置信度；$\wedge$ 表示"与"关系；N 表示评价结果的个数。

步骤 2：在 BRB 中，将 ER 用于规则推理。在 ER 的基础上，考虑多特征量的 BRB 模型中基于规则的推理过程可以概括如下：

步骤 2.1：计算前提属性的匹配度。第 k 条规则中第 i 个前提属性的匹配度计算如式（5-3）：

$$a_i^k = \begin{cases} \dfrac{A_i^{l+1} - x_i}{A_i^{l+1} - A_i^l}, k = 1(A_i^l \leqslant x_i \leqslant A_i^{l+1}) \\ 1 - a_i^k, k = l+1 \\ 0, k = 1, \cdots N(k, l+1) \end{cases} \tag{5-3}$$

式中，A_i^{l+1} 和 A_i^l 分别代表邻近的两条规则中的第 i 个前提属性参考值，它们是由健康状态预测模型中的专家知识给出的；$l \in L$，L 是 BRB 中的规则量；x_i 是第 i 个属性的输入。

因此，在第 k 条规则中，第 i 个输入的匹配度通过式（5-4）计算：

$$a_k = \prod_{i=1}^{T} (a_i^k)^{\overline{\delta}_i} \tag{5-4}$$

式中，T 表示前提属性的数量；a_k^i 表示第 k 条规则中第 i 个前提属性的匹配度；$\overline{\delta}_i$ 表示属性权重。

步骤 2.2：计算激活权重。当数据输入到 BRB 时，一些规则被激活。获得匹配度后，第 k 条规则的激活权重通过式（5-5）计算：

$$\omega_k = \frac{\theta_k a_k}{\sum\limits_{l=1}^{L} \theta_l a_l}, k = 1, 2, \cdots, L \tag{5-5}$$

步骤 2.3：基于 ER 规则的推理如式（5-6）所示。

$$\mu = \left[\sum_{j=1}^{N} \sum_{k=1}^{L} \left(\omega_k \beta_{i,k} + 1 - \omega_k \sum_{i=1}^{N} \beta_{i,k} \right) - (M-1) \prod_{k=1}^{L} \left(1 - \omega_k \sum_{i=1}^{N} \beta_{i,k} \right) \right]^{-1} \tag{5-6}$$

$$\hat{\beta}_j = \frac{\mu \times \left[\prod\limits_{k=1}^{L} \left(\omega_k \beta_{j,k} + 1 - \omega_k \sum\limits_{i=1}^{N} \beta_{i,k} \right) - \prod\limits_{k=1}^{L} \left(1 - \omega_k \sum\limits_{i=1}^{N} \beta_{i,k} \right) \right]}{1 - \mu \times \left[\prod\limits_{k=1}^{L} (1 - \omega_k) \right]} \tag{5-7}$$

式中，$\hat{\beta}_j$ 是由规则权重 θ_k、属性权重 $\overline{\delta}$ 和置信度 $\beta_{j,k}$ 组成的函数，表示输出相对于 D_j 的置信度。

假设评价结果 D_j 的效用为 $\mu(D_j)$，则 $S(X)$ 的期望效用为：

$$\mu(S(X)) = \sum_{j=1}^{M} \mu(D_j) \beta_j \tag{5-8}$$

因此，基于多特征量的健康状态预测模型输出为：

$$\hat{y} = \mu(S(X)) \tag{5-9}$$

步骤 3：优化基于多特征量 BRB 的模型。

在 BRB 模型中，模型的初始参数由专家设置。由于缺乏先验知识会限制专业知识，模型中的初始参数无法准确反映真实的工作状态。因此，有必要建立一个优化模型来训练基于多特征量的 BRB 模型的初始参数。均方误差（MSE）可用于表示基于多特征量 BRB

模型的精度。优化模型为：

$$\min \xi(V)$$

$$\text{s.t.} \sum_{n=1}^{N} \beta_{n,k} = 1,$$

$$0 \leqslant \beta_{n,k} \leqslant 1, \ k = 1, 2, \cdots, L$$

$$0 \leqslant \delta_i \leqslant 1, \ i = 1, \cdots, M \qquad (5\text{-}10)$$

$$0 \leqslant \theta_k \leqslant 1$$

式中，$\xi(V) = \dfrac{1}{t-\tau} \sum_{t=\tau-1}^{T} [y(t) - \hat{y}(t)]^2$；$T$ 为数据的个数。

本节采用 P-CMA-ES 作为优化算法，该算法是由协方差矩阵适应进化策略算法发展而来的[122]。

5.3.3 案例分析

为了验证所提出的基于多特征的航空发动机气路系统健康预测模型的有效性和准确性，以某型航空发动机[123]为例进行分析。结果表明，MBRB 健康状态预测模型在预测航空发动机气路系统健康状态方面具有较高的有效性和准确性。

本节获得了 1178 套数据，其中 589 套训练数据和 589 套测试数据。每组数据包含 4 个特征量——涡轮进口总温度、燃料质量流量、排气温度和推力，如图 5.3 所示。首先对特征量进行归一化，再对数据进行预处理，选择了四个参考点，即低、中、高和非常高，代码为 L、M、H 和 VH。它们的参考点和参考值在表 5-2 中显示。根据专业知识，为航空发动机空气系统的健康设定参考点级别，这些参考点级别有 H0（良好）、H1（中等）、H2（一般严重）和 H3（严重），如表 5-3 所示。在模型中，设延迟步长 τ=1，预测步长 p=1，考虑到每个特征量被设置 4 个参考值，因此特征量 $x(t-\tau)$ 也设置为 4 个参考值，因此，BRB 中有 256 条置信规则。

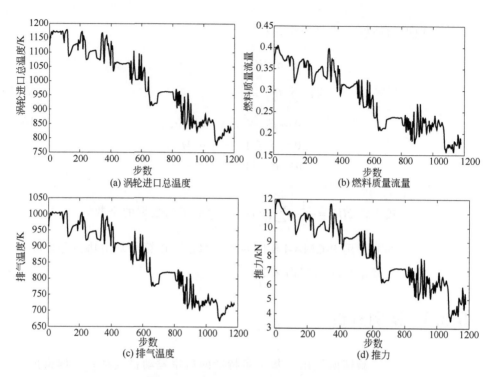

图 5.3　航空发动机气路系统监测数据

表 5-2　健康状态参考点和参考值

参考点	H0	H1	H2	H3
参考值	3	2	1	0

表 5-3　特征量参考点及参考值

涡轮进口总温度	参考点	L	M	VH	H
	参考值	0	0.33	0.66	1
燃料质量流量	参考点	L	M	VH	H
	参考值	0	0.33	0.66	1
排气温度	参考点	L	M	VH	H
	参考值	0	0.33	0.66	1
推力	参考点	L	M	VH	H
	参考值	0	0.33	0.66	1

利用 ER 融合所有性能参数和专家知识，以预测航空发动机气路系统的健康状态。通过使用 P-CMA-ES 优化模型中的初始参数，训练代数为 500。

图 5.4 显示了训练后航空发动机气路系统健康状态的预测值与初始 MBRB 之间的比较，三条线分别代表航空发动机气路系统的实际健康状态、航空发动机气路系统未优化的健康状态、航空发动机气体系统的最佳运行状况。从图中可以看出，优化后，MBRB 可以对航空发动机气路系统的健康状态进行更准确的预测。

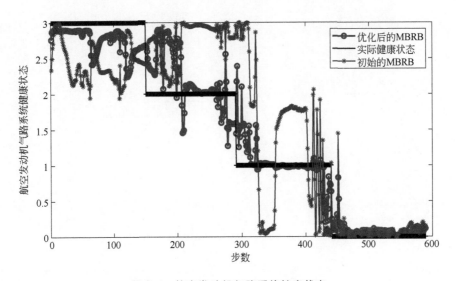

图 5.4　航空发动机气路系统健康状态

5.4　本章小结

基于故障原因总结故障形式，选择具有不同物理特性的多个性能参数作为健康状态特征量，建立基于 MBRB 的健康状态预测模型。最后，通过 ER 算法融合这些健康特征量，从而实现了航空发动机气路系统的综合健康状态预测。为了解决专家知识的主观性，使用 P-CMA-ES 优化模型参数。通过仿真分析，验证了所提出模型的合理性和准确性。

第 **6** 章

考虑监测误差的航空发动机气路系统健康状态预测

6.1　概述

　　飞机实际飞行过程中，采用了各种传感器对航空发动机气路系统的多个性能参数进行监测。由于航空发动机气路系统工作环境十分复杂，受外界环境干扰和传感器性能退化的影响，实际运行环境中获得的航空发动机气路系统的有效监测数据可能会出现误差。当有误差的监测数据作为预测模型的输入时，会影响预测模型的建模精度。

　　因此，本章在第 5 章的基础上，计算每个性能参数的环境干扰监测误差和传感器退化监测误差，然后将其综合到预测模型中，以便更真实、准确地反映气路系统的健康状态。

6.2　问题描述

　　航空发动机气路系统的健康状态能够通过反映系统性能的多个性能参数来进行预测。在气路系统健康状态预测中，为了提高预测精度和工程实践中的资源利用率，需要解决以下两个问题。

　　问题 1：在航空发动机气路系统健康状态预测中，需要航空发动机气路系统多个性能参数的监测数据来保证预测的准确性，并且由于工程实践中资源和监测技术的限制，受干扰因素[124]影响的观测数据存在一定的误差。为解决健康状态预测中的这两项挑战，在预测模型中应考虑专家知识。

　　因此，问题 1 的重点是如何建立以下模型：

$$y(t) = f(x_1(t), x_2(t), \cdots, x_n(t), E, \varepsilon_1, \varepsilon_2, \cdots, \varepsilon_n, V) \tag{6-1}$$

　　式中，$y(t)$ 为航空发动机气路系统的健康状态预测结果；$x_1(t), x_2(t), \cdots, x_n(t)$ 为气路系统在时刻 t 的 n 个性能参数特性；

$\varepsilon_1, \varepsilon_2, \cdots, \varepsilon_n$ 为性能参数的监测误差; E 为纳入预测模型的专家知识; V 为其他模型参数的向量; f 是一个非线性函数,表示系统特性与航空发动机气路系统健康状态之间的关系。

问题2:由于外部环境干扰和传感器性能退化的影响,航空发动机气路系统在实际运行环境中获得的有效监测数据可能会出现误差。当有误差的观测数据直接作为模型输入时,输入特征存在监测误差,可能会影响模型的建模精度[125]。因此,需要对输入监测误差进行计算,得到的监测误差可以衡量输入特征的有效性。为了解决观测数据存在误差的问题,在模型中考虑了输入特征的监测误差。建立了气路系统健康状态预测模型后,如何计算输入特征的监测误差,是需要解决的第二个问题。因此,问题2的重点是如何建立以下模型:

$$\varepsilon_n = \Xi\big(x_1(t), x_2(t), \cdots, x_n(t)\big) \tag{6-2}$$

式中,Ξ 表示航空发动机气路系统在时刻 t 的 n 个性能参数监测数据 $x_1(t), x_2(t), \cdots, x_n(t)$ 与数据监测误差之间的关系函数。

注意:权重和监测误差是输入特征的不同属性[126]。在模型中,与权重不同,监测误差是一种干扰因素。权重是反映特征重要程度的主观判断[127];而监测误差是固有属性,是特征表达正确信息的能力,是特征的客观反映。因此,本章研究如何计算输入特征的监测误差,并将其融合到模型中,以便建立更加全面、综合的航空发动机气路系统健康预测模型。

6.3 考虑监测误差的多特征置信规则库的航空发动机气路系统健康状态预测模型的建立

6.3.1 基于传感器退化和环境特性的监测误差的计算方法

BRB 中输入特征的监测误差是指工程实践中干扰因素对监测

数据的影响，是客观属性。监测误差可以根据数据和所处的环境特性、传感器性能退化计算。本章假设扰动因子在一段时间内是稳定的，系统状态保持稳定。因此，监测误差在当时是一个常数，可以由监测数据计算，如图 6.1 所示。

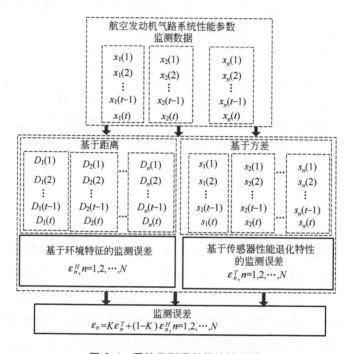

图 6.1　属性监测误差的计算方法

步骤 1：在航空发动机气路系统的实际工作中，得到的监测数据受环境因素（如噪声）的影响，导致监测数据存在一定的监测误差，可以根据变化来描述。基于距离的方法用于计算环境特征监测误差。

每个数据与其他数据之间的距离为：

$$d_n(x_n(i), x_n(i')) = |x_n(i) - x_n(i')| \tag{6-3}$$

式中，$i, i' \in \{1, \cdots, I\}$，$I$ 是输入数据的个数；$x_n(i)$ 是第 n 个输入属性的输入数据。

数据 $x_n(i)$ 与其他数据之间的平均距离为：

$$\overline{d}_n(x_n(i), x_n(i')) = \frac{1}{I}\sum_{i'=1}^{I} d_n(x_n(i), x_n(i')) \tag{6-4}$$

平均距离能表示数据波动幅度，它与数据间最大距离的比值被用于反映该数据由环境干扰引起的环境特性监测误差，则第 n 个性能参数的第 i 个监测数据的环境特性监测误差为：

$$D_n(i) = \frac{\overline{d}_n(x_n(i), x_n(i'))}{\max(d_n(x_n(i), x_n(i')))} \tag{6-5}$$

因此，第 n 个特征量的环境特性监测误差为：

$$\varepsilon_n^H = \sum_{i=1}^{I} D_n(i) \tag{6-6}$$

步骤 2：在航空发动机气路系统实际工作中，获得的监测数据因受传感器退化等因素影响，会有一定的监测误差，可以根据数据的变化描述。这种监测误差为传感器退化监测误差。本节采用基于方差的方法计算传感器退化监测误差。

计算所有监测数据的平均值：

$$\overline{x}_n = \frac{1}{I}\sum_{i=1}^{I} x_n(i) \tag{6-7}$$

式中，$\overline{x}_n$ 表示第 n 个特征属性的数据平均值；$x_n(i)$ 表示第 n 个特征中的第 i 个数据。

传感器退化引起的数据波动的幅度用平均方差来反映，根据所有监测数据的平均值计算第 n 个输入特征量中的第 i 个数据与其他数据之间的平均方差：

$$s_n(x_n(i)) = \frac{1}{i}\sum_{j=1}^{i} (x_n(i) - \overline{x}_n)^2 \tag{6-8}$$

式中，$s_n(x_n(i))$ 是第 n 个特征属性的第 i 个数据与 $i-1, i-2, \cdots, 1$ 个监测数据的方差，表示在传感器性能退化的干扰下，第 i 个数据的监测误差。

数据的传感器退化监测误差用平均方差与最大方差的比值来反映，则根据平均方差和最大方差计算第 n 个输入特征量中的第 i 个数据的传感器退化监测误差，表示为：

$$S_n(i) = \frac{s_n(x_n(i))}{\max(s_n(x_n(i), x_n(i')))} \qquad (6\text{-}9)$$

式中，$\max(s_n(x_n(i), x_n(i')))$ 表示第 i 个数据与第 $1, \cdots, i$ 个数据的最大值。

则第 n 个特征的传感器退化监测误差表示为：

$$\varepsilon_n^T = \sum_{i=1}^{I} s_n(x_n(i)) \qquad (6\text{-}10)$$

步骤 3：计算监测误差。

在得到传感器退化监测误差和环境特征监测误差后，将扰动引入到数据的监测误差中。

设 ε_n 表示数据作为输入特征的监测误差；K 是表征扰动对 ε_n 影响的参数，K 定义为扰动因子，由专家知识决定，满足以下约束条件：

$$0 \leqslant K \leqslant 1 \qquad (6\text{-}11)$$

考虑到监测数据会受扰动的影响，我们引入扰动因子来量化扰动，并用它来表征监测误差。目前扰动因子可以由专家根据工程实践经验给出，也可以通过基于统计或参数识别方法的连续监测来确定。

由于扰动对数据的影响可以体现在数据的监测误差上，因此可以利用扰动因子聚合传感器退化特性和环境特性的监测误差，得到输入特性的综合监测误差 ε_n：

$$\varepsilon_n = K\varepsilon_n^T + (1-K)\varepsilon_n^H \qquad (6\text{-}12)$$

式中，$n = 1, 2, \cdots, N$；K 由专家知识给出；ε_n^H 由式（6-4）～式（6-7）给出；ε_n^T 由式（6-8）～式（6-10）给出。式（6-12）的合理性在于：无论 K 如何变化，ε_n 总是限制在区间[0，1]内。

注意：K 可以从三个方面来解释。

① 虽然 ε_n^H 可以测量扰动对观测数据的影响，但它可能是不完整和不准确的。因此，K 的引入可以更好地整合扰动、传感器退化监测误差和环境特征监测误差，从而得到数据的监测误差。

② 当 $K=1$ 时，有 $\varepsilon_n = \varepsilon_n^T$，说明传感器退化对数据本身存在影响。

③ 当 $\varepsilon_n = \varepsilon_n^H$，即 $K=0$ 时，说明扰动对数据外部干扰存在影响。

注意：传感器退化监测误差 ε_n^T 和环境监测误差 ε_n^H 是两个不同的方面。传感器退化监测误差 ε_n^T 是由传感器本身的技术限制和使用后退化特性引起的，环境监测误差 ε_n^H 是由噪声等环境因素影响数据造成的。

6.3.2 考虑监测误差的多特征置信规则库的航空发动机气路系统健康状态预测模型的建立过程

BRB 是一种有效的非线性动力学建模方法。在分析航空发动机气路系统相关特性的基础上，考虑航空发动机气路系统由于工作环境复杂、性能参数受环境干扰和传感器性能退化影响，其监测数据有误差。因此，本节提出一种考虑监测误差的多特征置信规则库的航空发动机气路系统健康状态预测模型（MBRB-ε 预测模型），用来综合预测航空发动机气路系统的健康状况。MBRB-ε 推理过程如图 6.2 所示。

在健康状态预测过程中，为了减少专家知识的不确定性，采用参数更新的方法建立更紧凑、更准确的模型。使用 P-CMA-ES 优化初始参数。

基于 MBRB-ε 预测模型建模具体过程如下。

步骤 1：预测模型中 t 时刻第 k 条置信规则为：

$$
\begin{aligned}
R_k : &\text{If } x_1(t+1) \text{ is } A_1^k \wedge x_2(t+1) \text{ is } A_2^k \wedge \cdots \wedge x_n(t+1) \text{ is } A_n^k \\
&\text{Then } \{(H_1, \beta_{1,k}), \cdots, (H_N, \beta_{N,k})\} \\
&\text{With rule weight } \theta_1, \theta_2, \cdots, \theta_k, \text{ and attribute weight} \\
&\delta_1, \delta_2, \cdots, \delta_n \text{ and monitoring error } \varepsilon_1, \varepsilon_2, \cdots, \varepsilon_n
\end{aligned} \tag{6-13}
$$

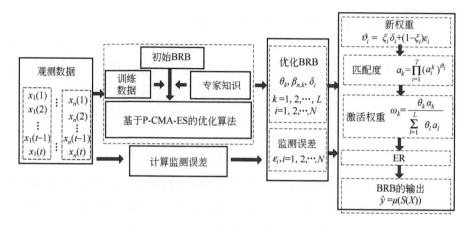

图 6.2 MBRB-ε预测模型推理过程

式中，x_n 为第 n 个航空发动机气路系统性能参数特征，为 BRB 中的第 n 个属性，本章假设为独立的；$A_n^k (k=1,\cdots,L)$ 为第 n 个属性的参考值，L 是 BRB 中的规则数量；δ_n 是第 k 条规则的属性权重；ε_n 是监测误差；n 是第 k 条规则中属性的数量；$\beta_{N,k}$ 是第 k 条规则的输出置信度；$H_1, H_2, \cdots, H_N$ 表示健康状态级别，可由专家确定；N 是输出中的结果量。若 $\sum \beta_{N,k} = 1$，则第 k 条规则不存在缺失；否则，它是缺失的。$\theta_1, \theta_2, \cdots, \theta_k$ 为规则权重。

步骤 2：由式（6-3）计算置信规则的匹配度，然后计算第 k 条规则的输入匹配度。在 MBRB-ε 模型中，属性监测误差直接反映航空发动机气路系统特征，属性的监测误差可以直接影响第 i 个输入数据的属性匹配程度，因此，一种新的属性权重的计算方法被提出。第 k 条规则的输入匹配度为：

$$a_k = \prod_{i=1}^{T} (a_i^k)^{\vartheta_i} \tag{6-14}$$

式中，T 是第 k 条规则中属性的数量；ϑ_i 是具有监测误差和第 i 个属性权重的混合参数，由式（6-15）计算：

$$\vartheta_i = \xi_i \delta_i + (1-\xi_i)\varepsilon_i \tag{6-15}$$

式中，δ_i 和 ε_i 分别表示第 i 个属性的相对权重和监测误差；ϑ_i 作

为新的属性权重，反映了主观判断和客观的比例，且 $0 \leqslant \vartheta_i \leqslant 1$。当第 i 个属性是完全可靠的，或 $\varepsilon_i = 1$ 时，将有 $\xi_i = 1$。如果第 i 个属性是不可靠的，或 $\varepsilon_i < 1$，则 $\xi_i < 1$。式（6-13）中，ε_i 是常数，δ_i 由专家确定，并通过优化模型修正。ε_i 用于调整 δ_i 和 ϑ_i 的有效性。

步骤 3：利用式（6-5）计算激活权重。

步骤 4：计算基本概率质量。假设 BRB 中的所有规则都是独立的，$A_1, \cdots, A_L$ 是相互独立的。在 BRB 中，证据推理（ER）方法是基于证据的 Dempster-Shafer 理论发展而来的，用于组合规则并直接生成最终结论[128]。

通过下面的 ER 算法将第 k 条规则的置信度 $\beta_{N,K}$ 转化为基本概率质量：

$$m_{n,k} = \omega_k \beta_{n,k}, n = 1, 2, \cdots, N \tag{6-16}$$

$$m_{D,k} = 1 - \omega_k \sum_{n=1}^{N} \beta_{n,k} \tag{6-17}$$

$$\tilde{m}_{D,k} = \omega_k \left(1 - \sum_{n=1}^{N} \beta_{n,k} \right) \tag{6-18}$$

$$m_{D,k} = \overline{m}_{D,k} + \tilde{m}_{D,k} \tag{6-19}$$

$$\sum_{k=1}^{L} \omega_k = 1 \tag{6-20}$$

式中，$m_{D,k}$ 表示赋给预测结果集 D 的剩余概率质量；结果 D 表示预测结果集 $\{D_1, \cdots, D_N\}$。

步骤 5：融合前提属性并生成预测的运行状况状态。前提属性通过 ER 递归应用方法聚合如下：

$$m_{n,br(k)} = K_{br(k)}(m_{n,br(k-1)}m_{n,k} + m_{n,br(k-1)}m_{D,k} + m_{D,br(k-1)}m_{n,k}) \tag{6-21}$$

$$m_{D,br(k)} = \overline{m}_{D,br(k)} + \tilde{m}_{D,br(k)} \tag{6-22}$$

$$\tilde{m}_{n,br(k)} = K_{br(k)}(\tilde{m}_{n,br(k-1)}\tilde{m}_{n,k} + \tilde{m}_{n,br(k-1)}\tilde{m}_{D,k} + \tilde{m}_{D,br(k-1)}\tilde{m}_{n,k}) \tag{6-23}$$

$$\overline{m}_{D,br(k)} = K_{br(k)}(\overline{m}_{D,br(k-1)}\overline{m}_{D,k}) \tag{6-24}$$

$$K_{br(k)} = \left(1 - \sum_{n=1}^{N} \sum_{t=1}^{N} m_{n,br(k-1)} m_{t,k}\right)^{-1}, k = 2,3,\cdots,L, t \neq n \qquad (6\text{-}25)$$

$$m_{D,br(1)} = m_{D,1} \qquad (6\text{-}26)$$

$$m_{n,br(1)} = m_{n,1} \qquad (6\text{-}27)$$

$m_{n,br(1)}$，$m_{D,br(1)}$ 表示前 k 个前提属性聚合后的组合置信度和残留置信度。

第 n 个健康状态等级的组合置信度计算：

$$\beta_n = \frac{m_{n,br(L)}}{1 - \bar{m}_{n,br(L)}}, n = 1,2,\cdots,N \qquad (6\text{-}28)$$

$$\beta_D = \frac{\tilde{m}_{n,br(L)}}{1 - \bar{m}_{n,br(L)}} \qquad (6\text{-}29)$$

$$\sum_{n=1}^{N} \beta_n + \beta_D = 1 \qquad (6\text{-}30)$$

式中，β_D 为未分配给任何个体健康状态水平 D_n 的残差置信度，$n=1,2,\cdots,N$。

假设评价结果 D_j 的效用为 $\mu(D_j)$，$S(X)$ 的期望效用为：

$$\mu(S(X)) = \sum_{j=1}^{M} \mu(D_j)\beta_j \qquad (6\text{-}31)$$

因此，MBRB-ε健康状态预测模型的输出为：

$$\hat{y} = \mu(S(X)) \qquad (6\text{-}32)$$

步骤 6：优化模型。

针对专家知识的不确定性，引入基于投影协方差矩阵自适应进化策略[129]的优化模型对初始参数进行优化。BRB 模型是一种专家系统。如果专家知识准确，模型优化的参数应接近专家确定的初值。请注意，属性监测误差是状态预测模型中的常量，不会被优化模型更改。均方误差（MSE）可以表示预测精度，通过计算得到：

$$\xi(V) = \frac{1}{T} \sum_{t=1}^{T} [y(t) - \hat{y}(t)]^2 \qquad (6\text{-}33)$$

式中，$\xi(V)$ 表示模型的预测精度，$\xi(V)$ 大表示精度低，$\xi(V)$ 小表示精度高；$\hat{y}(t)$ 和 $y(t)$ 分别表示系统的实际健康状态和预测健康状态；T 为观测数据量。由健康状态预测模型计算：

$$y(t) = \sum_{n=1}^{N} \mu(D_n)\beta_n \qquad (6\text{-}34)$$

式中，$\mu(D_n)$ 表示第 n 个预测结果的效用。

优化模型为：

$$\begin{aligned}
&\min \xi(V) \\
&\text{s.t. } \sum_{n=1}^{N} \beta_{n,k} = 1, \\
&\quad 0 \leqslant \beta_{n,k} \leqslant 1, \ k = 1, 2, \cdots, L \\
&\quad 0 \leqslant \delta_i \leqslant 1, \ i = 1, \cdots, M \\
&\quad 0 \leqslant \theta_k \leqslant 1
\end{aligned} \qquad (6\text{-}35)$$

式中，θ_k 和 δ_i 分别为规则权重和属性权重；$\beta_{n,k}$ 是置信规则中第 n 条规则的置信度。

6.3.3　健康状态预测模型的建立过程

基于 MBRB-ε 预测模型的建模过程可归纳为以下步骤：

步骤 1：根据航空发动机气路系统多种监测数据计算监测误差。监测误差反映了实际工作环境中干扰因素和传感器性能对航空发动机气路系统性能参数的影响。

步骤 2：按照 6.3.2 节的描述，基于 BRB 构建健康状态预测模型，选取航空发动机气路系统性能参数作为前提属性，由专家确定其初始参数。

步骤 3：通过优化模型训练初始预测模型。为了减少专家知识的不确定性和无知的影响，需要通过 6.3.2 节构建的优化模型对初始参数进行调整。

步骤 4：通过测试数据测试优化后的预测模型。从航空发动机气路系统数据库中选取测试数据，对预测模型进行测试。注意，属性监测误差是常数，在建模过程中不会改变。

6.4 案例分析

为了验证所提出的 MBRB-ε 模型的有效性和准确性，利用公开数据集进行案例分析研究，结果验证了 MBRB-ε 健康状态预测模型的有效性和准确性。

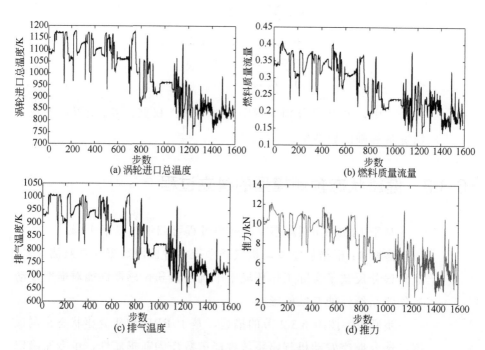

图 6.3 航空发动机气路系统性能参数观测数据

本节共获得 1586 组数据，其中训练数据 1428 组，测试数据 158 组。每组数据包含 4 个特征量——涡轮进口总温度（Tt4）、燃料质量流量（Wf）、排气温度（ETG）和推力，如图 6.3 所示。首先对特征量进行归一化，然后对数据进行预处理。根据专业知识，为航空发动机气路系统健康设置参考点水平，H0（良好）、H1（中等）、H2（一般）和 H3（低），各参考点和值如表 6-1 所示。在 MBRB-ε 模型中，根据专家知识设定特征参考值。其中，涡轮进口总温度特征、燃料质量流量特征和推力特征选择为低、高两个参考点，缩写为 L 和 H。排气温度特征选择低、中、高三个参考点，缩写为 L、M、H。它们的参考点和数值见表 6-2。

表 6-1　BRB 的参考点和值

参考点	H0	H1	H2	H3
参考值	3	2	1	0

表 6-2　特征参考点及参考值

涡轮进口总温度	参考点	L	H	
	参考值	0	1	
燃料质量流量	参考点	L	H	
	参考值	0	1	
排气温度	参考点	L	M	H
	参考值	0	0.55	1
推力	参考点	L	H	
	参考值	0	1	

在 MBRB-ε 模型中，气路系统健康状态预测模型可以描述为：

$$R_k : \text{If } x_1(t+1) \text{ is } A_1^k \wedge x_2(t+1) \text{ is } A_2^k \wedge \cdots \wedge x_4(t+1) \text{ is } A_4^k$$
$$\text{Then } \{(H_1, \beta_{1,k}), \cdots, (H_4, \beta_{4,k})\}$$
$$\text{With rule weight } \theta_1, \theta_2, \cdots, \theta_k, \text{ and attribute weight}$$
$$\delta_1, \delta_2, \delta_3, \delta_4 \text{ and monitoring error } \varepsilon_1, \varepsilon_2, \varepsilon_3, \varepsilon_4$$

（6-36）

式中，$x_1(t+1)$ 是涡轮进口总温度；$x_2(t+1)$ 是燃料质量流量；$x_3(t+1)$ 是排气温度；$x_4(t+1)$ 是推力；$k=1,2,\cdots,24$。

在模型中，A_1^k，A_2^k，A_3^k，A_4^k 是四个特征在第 k 条规则的参考值。设延迟步长为 1，即 $\tau=1$，预测步长为 1，即 $p=1$。由于四个特征量各有 2、2、3、2 个参考值，故初始 BRB 中有 24 条置信规则。因此，根据专家知识设置初始参数，如表 6-3 所示。

表 6-3　MBRB-ε模型的初始置信度

序号	规则权重	特征				规则置信度
		涡轮进口总温度	燃料质量流量	排气温度	推力	{H0,H1,H2,H3}={3,2,1,0}
1	1	L	L	L	L	（0，0，0.5，0.5）
2	1	L	M	L	L	（0，0，1，0）
3	1	L	H	L	L	（0.1，0，0，0.9）
4	1	L	L	H	L	（0，0.6，0.1，0.3）
5	1	L	M	H	L	（0，0.2，0.8，1）
6	1	L	H	H	L	（0，0，0.1，0.9）
7	1	L	L	L	H	（0，0.2，0.1，0.7）
8	1	L	M	L	H	（0.1，0，0，0.9）
9	1	L	H	L	H	（0，0，0.5，0.5）
10	1	L	L	H	H	（0，0，0.5，0.5）
11	1	L	M	H	H	（0，0.1，0，0.9）
12	1	L	H	H	H	（0，1，0，0）
13	1	H	L	L	L	（0.1，0，0.9，0）
14	1	H	M	L	L	（0.5，0.5，0，0）
15	1	H	H	L	L	（0，1，0，0）
16	1	H	L	H	L	（0.6，0.3，0，0.1）
17	1	H	M	H	L	（0.8，0.2，0，0）
18	1	H	H	H	L	（0，0.9，0，0.1）
19	1	H	L	L	H	（1，0，0，0）
20	1	H	M	L	H	（0，0，0.9，0.1）
21	1	H	H	L	H	（0，0.4，0.6，0）
22	1	H	L	H	H	（0.3，0.7，0，0）

序号	规则权重	特征				规则置信度
		涡轮进口总温度	燃料质量流量	排气温度	推力	涡轮进口总温度
23	1	H	M	H	H	(0.1, 0, 0, 0.9)
24	1	H	H	H	H	(0.8, 0.2, 0, 0)

　　航空发动机气路系统健康状态预测模型分为训练部分和测试部分。在训练部分，从数据库中提取出每个属性的 1586 个监控数据作为训练数据。根据 6.3.1 节提出的基于距离的方法和基于方差的方法，利用 1586 组监测数据计算监测误差的传感器退化监测误差和环境特征监测误差。从图 6.4 中可以看出，航空发动机气路系统复杂的工作环境对监测数据产生了干扰。图 6.5 为传感器退化监测数据监测误差曲线。从图 6.5 可以看出，随着航空发动机气路系统的运行，传感器的性能在一定的数值范围内缓慢下降并稳定，然后用式（6-12）合成它。监测误差如表 6-4～表 6-6 所示。

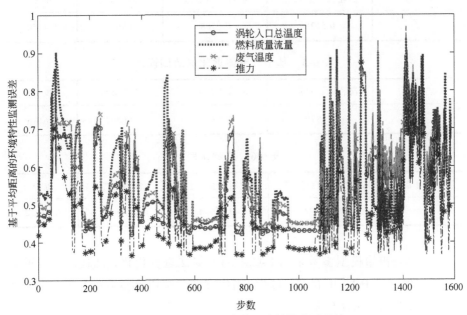

图 6.4　基于平均距离的环境特性监测误差

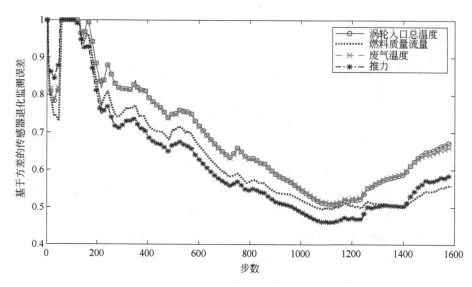

图 6.5　基于方差的传感器退化监测误差

表 6-4　基于环境特性的监测误差

特征量	涡轮入口总温度	燃料质量流量	废气温度	推力
ε_n^H	0.5428	0.5508	0.5633	0.4750

表 6-5　基于传感器退化的监测误差

特征量	涡轮入口总温度	燃料质量流量	废气温度	推力
ε_n^T	0.6870	0.6350	0.6867	0.6186

表 6-6　监测误差

特征量	涡轮入口总温度	燃料质量流量	废气温度	推力
ε_n	0.64374	0.60974	0.64968	0.57552

初始模型参数采用 P-CMA-ES 算法进行优化，迭代次数设置为 300 次，BRB 中存在 1428 组训练参数。对初始参数进行优化，模型参数如表 6-7 所示。

表 6-7　MBRB-ε优化后的规则置信度

| 序号 | 规则权重 | 特征 | | | | 规则置信度 |
		涡轮进口总温度	燃料质量流量	排气温度	推力	{H0,H1,H2,H3}={3,2,1,0}
1	0.26107	L	L	L	L	（0.0068,0.0008,0.0008,0.9916）
2	0.02750	L	M	L	L	（0.0076,0,0.0131,0.9793）
3	0	L	H	L	L	（0.3923,0.0183,0.0929,0.4965）
4	0.00616	L	L	H	L	（0.0036,0.0206,0.5369,0.4388）
5	0.69114	L	M	H	L	（0.2703,0.0219,0.6804,0.0274）
6	0.56536	L	H	H	L	（0.4259,0.1819,0.0779,0.3143）
7	0.36824	L	L	L	H	（0.0021,0.0154,0.0006,0.9819）
8	0.70399	L	M	L	H	（0,0.0030,0.0018,0.9952）
9	0.52883	L	H	L	H	（0,0.0043,0,0.9957）
10	0.01334	L	L	H	H	（0.0243,0.2247,0.1008,0.6502）
11	0.80017	L	M	H	H	（0.3641,0.1803,0.3719,0.0837）
12	0.28446	L	H	H	H	（0.3571,0.3416,0.1888,0.1125）
13	0	H	L	L	L	（0.5191,0.0271,0.1425,0.3113）
14	0	H	M	L	L	（0.0181,0.5204,0.4062,0.0553）
15	0.71477	H	H	L	L	（0.4763,0.1671,0.3309,0.0257）
16	0.00948	H	L	H	L	（0.0571,0.6606,0.0930,0.1893）
17	0.43264	H	M	H	L	（0.1152,0.5181,0.3400,0.0267）
18	0.63050	H	H	H	L	（0.6138,0.3469,0.0208,0.0185）
19	0.26473	H	L	L	H	（0,0.0114,0.0302,0.9584）
20	0.85971	H	M	L	H	（0,0.0071,0.0100,0.9829）
21	0.04105	H	H	L	H	（0.2195,0.4381,0.2757,0.0667）
22	0.00902	H	L	H	H	（0.1205,0.3953,0.0202,0.4640）
23	0.51558	H	M	H	H	（0.0392,0.7051,0.2244,0.0313）
24	0.52522	H	H	H	H	（0.8493,0.0572,0.0909,0.0026）

测试部分采用 158 组数据作为测试数据。图 6.6 为训练后航空发动机气路系统预测健康状态与考虑监测误差后的预测结果对比。从图中可以看出，在进行健康状态预测时，预测精度有所下降。这是因为当传感器开始工作时，传感器的性能非常好，传感器退化监测误差是所有数据的平均监测误差，导致早期预测的准确性下降。图 6.7 是 MBRB-ε 模型每个健康状态的输出置信度。图 6.7（a）～（d）分别代表了 H0（正常）、H1（中等）、H2（一般）和 H3（低）的输出置信度。从图 6.6 和图 6.7 可以看出，MBRB-ε 模型能够准确预测航空发动机气路系统的健康状态。

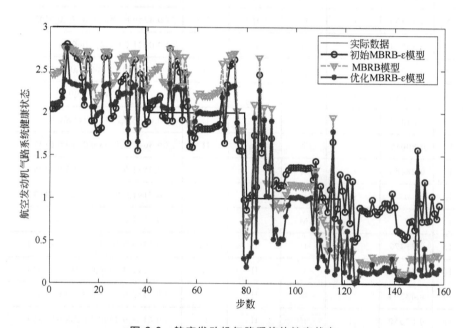

图 6.6　航空发动机气路系统的健康状态

图 6.8 是 MBRB 和 MBRB-ε 模型的估计输出的误差。MBRB 模型根据专家知识和 MBRB-ε 模型设置相同的初始参数。从图中可以看出，MBRB-ε 模型在一般健康和低健康状态下的误差更小，说明 MBRB-ε 模型在预测航空发动机气路系统健康状态方面的有效性和准确性。

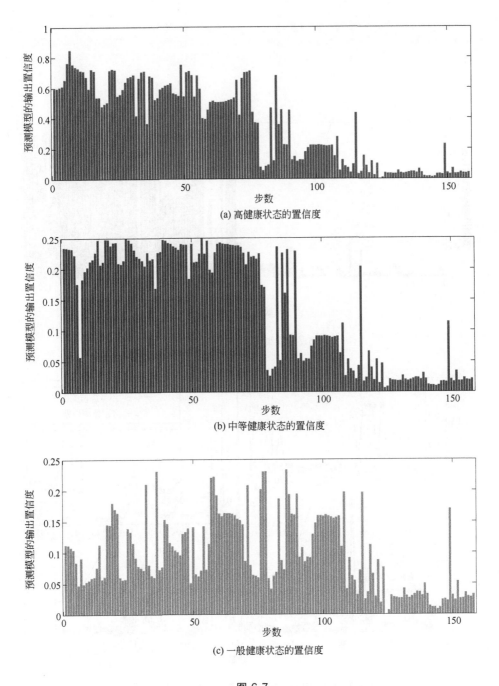

(a) 高健康状态的置信度

(b) 中等健康状态的置信度

(c) 一般健康状态的置信度

图 6.7

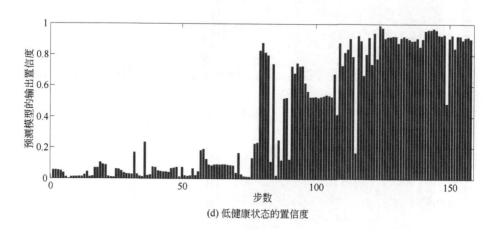

(d) 低健康状态的置信度

图 6.7　模型预测输出的置信度

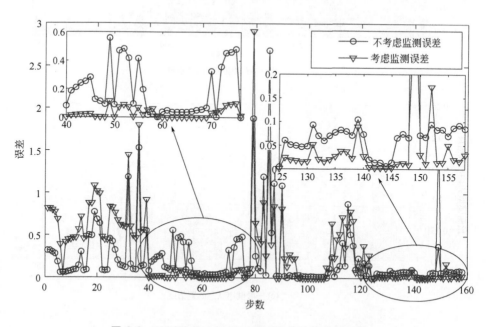

图 6.8　MBRB 和 MBRB-ε模型的估计输出的误差

6.5 本章小结

    本章针对航空发动机气路系统监测数据受传感器性能退化影响和环境干扰，提出了一种考虑监测误差的多特征置信规则库的航空发动机气路系统健康状态预测模型，解决了属性的监测误差作为模型输入时导致模型输出精度有误差的问题。以某型航空发动机的气路系统为例，说明了提出模型的有效性。

基于并串行置信规则库的航空发动机气路系统健康状态预测

7.1　概述

　　由于航空发动机气路系统的复杂性，在建立航空发动机气路系统健康状态预测模型时，需要利用多个气路系统性能参数。然而，在对航空发动机气路系统制订维修计划时，需要快速地判断发动机的健康程度，这就要求所建立的健康状态预测模型拥有快响应的特点。

　　本章在分析航空发动机气路系统不同性质的性能参数后，提出一种基于并串行置信规则库的航空发动机气路系统健康状态预测方法，建立快响应的健康状态预测模型，并用气路系统的多个性能参数验证模型的有效性。

7.2　问题描述

　　在基于 BRB 的航空发动机气路系统健康状态预测中，为了提高预测精度和工程实践中的资源利用率，利用气路系统的多个性能参数建立健康状态预测模型。然而，采用多个性能参数进行建模时，模型不可避免地会出现结构庞大、运行时间长、不利于置信规则库更新等缺点，而且庞大的模型结构也会降低模型的实时性，不满足实际工程实时预测的需求。另外，由于专家给定的模型的部分初始参数具有不确定性，模型参数应该被优化，以便更加准确、真实地预测系统健康状态。

　　因此，在基于 BRB 的航空发动机气路系统健康状态预测中，为了减小模型复杂度和缩短响应时间，两个问题需要被解决。

　　问题 1：在基于 BRB 的航空发动机气路系统健康状态预测中，需要快响应的模型来保证预测的准确性和实时性。另外，由于专家知识的不确定性，不利于工程实践，需要对模型进行参数优化。因此，问题 1 的重点是如何建立快响应的航空发动机气路系统健康状态预测模型。

问题 2：当建立基于 BRB 的航空发动机气路系统健康状态预测模型时，模型中采用了专家知识以确定模型参数，前提属性的参考值也是由专家知识确定的，然而专家知识有不确定性，不利于工程实践。在建立健康状态预测模型时，如何确定预测模型的前提属性的参考值，是需要解决的第二个问题。因此，问题 2 的重点是如何建立以下模型：

$$A_n = \Psi\big(x_1(t), x_2(t), \cdots, x_n(t)\big) \qquad (7\text{-}1)$$

式中，Ψ 表示航空发动机气路系统健康状态预测模型中前提属性 $x_1(t), x_2(t), \cdots, x_n(t)$ 与前提属性参考值 A_n 之间的关系。

7.3 基于并串行置信规则库的航空发动机气路系统健康状态预测模型的建立

在实际工程应用中，基于 BRB 的健康状态预测模型结构比较复杂，庞大的模型结构也会降低模型的实时性，而模型结构单一会降低模型的预测精度。因此，本章在保证输入特征包含较完整的健康状态信息的情况下，以降低模型计算时间为目标，利用并串行 BRB 降低结构复杂度，基于模糊 C 均值确定前提属性参考值，以降低专家知识主观性的影响，提出一种基于并串行 BRB 的航空发动机气路系统健康状态预测模型。具体参数和结构优化流程如图 7.1 所示。

7.3.1 基于并串行 BRB 的航空发动机气路系统健康状态预测模型的建立

在对航空发动机气路系统故障机理进行深入分析的基础上，

结合少量气路系统性能参数的监测数据和专家知识，利用并行 BRB 能够实现对健康状态信息的提取，其中第 k 条规则如式（7-2）所示。

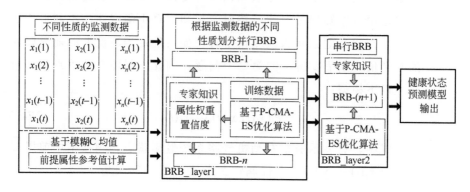

图 7.1　参数和结构优化流程图

基于 BRB-n 的健康状态预测建模具体过程如下：

步骤 1：串行 BRB-n 中 t 时刻第 k 条置信规则记为：

$$R_k : \text{If } x_1(t+1) \text{ is } A_1^k \wedge x_2(t+1) \text{ is } A_2^k \wedge \cdots \wedge x_n(t+1) \text{ is } A_n^k$$
$$\text{Then } \{(H_1, \beta_{1,k}), \cdots, (H_N, \beta_{N,k})\}$$
$$\text{With rule weight } \theta_1, \theta_2, \cdots, \theta_k, \text{ and attribute weight}$$
$$\delta_1, \delta_2, \cdots, \delta_n \text{ and monitoring error } \varepsilon_1, \varepsilon_2, \cdots, \varepsilon_n \tag{7-2}$$

式中，x_n 为第 n 个航空发动机气路系统性能参数特征，为 BRB 中的第 n 个属性，本章假设为独立的；A_n^k（$i=1, \cdots, L$）为第 k 条规则中第 n 个属性的参考值；δ_n 是第 k 条规则中使用的属性权重，表示系统特性的相对重要性；ε_n 是监测误差，表示特征的绝对属性；n 是第 k 条规则中属性的数量；$\beta_{N,k}$ 为第 k 条规则的输出置信度；$H_1, H_2, \cdots, H_N$ 是规则输出的结果，表示健康状态级别，可由专家确定；N 是输出中的结果量。如果 $\sum \beta_{N,k} = 1$ 则称第 k 条规则是完整的；否则，它是不完整的。$\theta_1, \theta_2, \cdots, \theta_k$ 为规则权重。

步骤 2：串行 BRB-$(n+1)$ 中 t 时刻第 k 条置信规则记为：

$$R_k : \text{If } x_1(t+1) \text{ is } A_1^k \wedge x_2(t+1) \text{ is } A_2^k \wedge \cdots \wedge x_n(t+1) \text{ is } A_n^k$$

$$\text{Then } \{(H_1, \beta_{1,k}), \cdots, (H_N, \beta_{N,k})\} \qquad (7\text{-}3)$$

$$\text{With rule weight } \theta_1^1, \theta_2^1, \cdots, \theta_k^1 \text{ and attribute weight } \delta_1^1, \delta_2^1, \cdots, \delta_n^1$$

式中，x_n 为串行 BRB 中提取的健康状态信息特征，为串行 BRB 中的第 n 个属性，本章假设为独立的；A_1^k（$i=1,\cdots,L$）为第 n 个属性的参考值；δ_n^1 是属性权重；n 是第 k 条规则中属性的数量；$\beta_{N,k}$ 为输出置信度；$H_1, H_2, \cdots, H_N$ 是规则输出的结果，表示健康状态级别，可由专家确定；$\theta_1^1, \theta_2^1, \cdots, \theta_k^1$ 为规则权重。

7.3.2　基于模糊 C 均值的置信规则库参数优化方法

在 BRB 模型中，输入特征的参考值是由专家知识确定的。然而专家知识具有不确定性，不利于工程实践，因此需要一种新的方法来确定特征的参考值。

模糊数学广泛应用于模糊控制和人工智能，根据模糊思维，得到特征的参考值。因此，可以使用模糊 C 均值来划分特征的参考值。模糊 C 均值显示为：

$$FCM(c_1, c_2, \cdots, c_b) = \sum_{i=1}^{b} \sum_{j=1}^{n} u_{ij}^m d_{ij}^{\,2} \qquad (7\text{-}4)$$

式中，b 是特征参考值划分的个数；n 是特征数据的数量；m 是加权指数；$d_{ij} = \|x_j - c_i\|$。隶属度 u_{ij} 由式（7-5）计算：

$$u_{ij} = \frac{1}{\sum\limits_{k=1}^{b} \left(\dfrac{d_{ij}}{d_{kj}} \right)^{2/(m-1)}} \qquad (7\text{-}5)$$

特征参考值 A_i 通过式（7-6）计算：

$$A_i = \frac{\sum\limits_{j=1}^{n} u_{ij}^m x_j}{\sum\limits_{j=1}^{n} u_{ij}^m} \qquad (7\text{-}6)$$

结合专家知识，可以通过模糊 C 均值确定特征的所有参考值。这样，专家知识中的不确定性就可以进一步降低了。

7.3.3 航空发动机气路系统健康状态预测模型的建立过程

基于并串行置信规则库的航空发动机气路系统健康状态预测模型的建立过程可归纳为以下步骤。

步骤 1：通过航空发动机气路系统的工作机理，分析航空发动机气路系统的多个性能参数的性质，并将其分组。利用多个 BRB 形成并行 BRB。

步骤 2：利用模糊 C 均值计算各个 BRB 的前提属性参考值，由专家确定各个并行 BRB 的置信度。

步骤 3：利用串行 BRB 融合所有并行 BRB 的健康状态信息，构建基于并串行 BRB 的健康状态预测模型，利用模糊 C 均值计算串行 BRB 的前提属性参考值，并由专家确定串行 BRB 的初始置信度。为了进一步降低专家知识的不确定性和未知的影响，通过 P-CMA-ES 对初始参数进行调整。

步骤 4：通过测试数据测试预测模型。从航空发动机气路系统数据库中选取测试数据，对预测模型进行测试，验证健康状态预测模型的有效性。

7.4 案例分析

为了验证本章提出的基于并串行置信规则库的航空发动机气路系统健康状态预测模型的合理性，本章选择第 5 章数据进行验证。

综合对航空发动机气路系统工作机理的分析，选择涡轮进口总温度、燃料质量流量为气路系统输入参数，排气温度和推力为气路系统输出参数。因此，健康状态预测模型中，并行 BRB1 为

$$R_k : \text{If } x_1(t+1) \text{ is } A_1^k \wedge x_2(t+1) \text{ is } A_2^k$$
$$\text{Then } \{(H_1, \beta_{1,k}), \cdots, (H_N, \beta_{N,k})\} \tag{7-7}$$
$$\text{With rule weight } \theta_1, \theta_2, \cdots, \theta_k, \text{ and attribute}$$
$$\text{weight} \delta_1, \delta_2 \text{ and monitoring error } \varepsilon_1, \varepsilon_2$$

构建并行 BRB2 为：

$$R_k : \text{If } x_1(t+1) \text{ is } A_3^k \wedge x_2(t+1) \text{ is } A_4^k$$
$$\text{Then } \{(H_1, \beta_{1,k}), \cdots, (H_N, \beta_{N,k})\} \tag{7-8}$$
$$\text{With rule weight } \theta_1, \theta_2, \cdots, \theta_k, \text{ and attribute}$$
$$\text{weight} \delta_3, \delta_4 \text{and monitoring error } \varepsilon_3, \varepsilon_4$$

然后，构建串行 BRB3 为：

$$R_k : \text{If } x_1(t+1) \text{ is } A_5^k \wedge x_2(t+1) \text{ is } A_6^k$$
$$\text{Then } \{(H_1, \beta_{1,k}), \cdots, (H_N, \beta_{N,k})\} \tag{7-9}$$
$$\text{With rule weight } \theta_1^1, \theta_2^1, \cdots, \theta_k^1, \text{ and attribute weight } \delta_1^1, \delta_2^1$$

在气路系统健康状态预测模型中，根据专家知识和模糊 C 均值设定特征参考值。其中，排气温度特征、燃料质量流量特征和推力特征分别选择低、一般、中、高四个参考点，缩写为 L、M、VH、H。涡轮进口总温度特征选择低、中、高三个参考点，缩写为 L、M、H。它们的参考点和数值见表7-1。根据专家知识，设置航空发动机气路系统健康参考点及参考值，H0（良好）、H1（中等）、H2（一般）和 H3（低）。它们的参考点和值如表 7-2 所示。

表 7-1　特征参考点及参考值

涡轮进口总温度	参考点	L	M		H
	参考值	7.3680	9.9522		1.1788
燃料质量流量	参考点	L	M	VH	H
	参考值	0.1286	0.2140	0.3444	0.409000
排气温度	参考点	L	M	VH	H
	参考值	636.1103	737.7653	940.6548	1010.6005

推力	参考点	L	M	VH	H
	参考值	2.5972	6.1010	10.1991	12.0819

表 7-2　串行 BRB 的参考点和值

参考点	H0	H1	H2	H3
参考值	3	2	1	0

此时，由专家知识可知，设置 BRB1 和 BRB2 的置信规则数量为 12 条和 16 条，然后根据专家知识，设置 BRB1 和 BRB2 置信度。BRB1 的初始置信度见表 7-3，BRB2 的初始置信度见表 7-4。

表 7-3　BRB1 的置信度

规则数	规则权重	前提属性		规则置信度
		燃料质量流量	涡轮进口总温度	{H0,H1,H2,H3}={3,2,1,0}
1	1	L	L	(0,0,0,1)
2	1	L	M	(0,0,0,1)
3	1	L	H	(0,1,0,0)
4	1	M	L	(0,0,0,1)
5	1	M	M	(0.5,0,0.5,0)
6	1	M	H	(0.8,0,0,0.2)
7	1	VH	L	(0.7,0,0.3,0)
8	1	VH	M	(0,0,0.1,0.9)
9	1	VH	H	(1,0,0,0)
10	1	H	L	(0,0,0.5,0.5)
11	1	H	M	(0,0.1,0,0.9)
12	1	H	H	(0.8,0,0,0.2)

表 7-4　BRB2 的置信度

规则数	规则权重	前提属性		规则置信度
		排气温度	推力	{H0,H1,H2,H3}={3,2,1,0}
1	1	L	L	(0,0,0.8,0.2)
2	1	L	M	(0.1,0,0,0.9)

规则数	规则权重	前提属性		规则置信度
		排气温度	推力	{H0,H1,H2,H3}={3,2,1,0}
3	1	L	VH	(0,0,0.9,0.1)
4	1	L	H	(0,0.5,0.5,0)
5	1	M	L	(0.5,0,0.5,0)
6	1	M	M	(0,0,0.8,0.2)
7	1	M	VH	(0.7,0,0.3,0)
8	1	M	H	(0,0,0.1,0.9)
9	1	VH	L	(0.9,0,0.1,0)
10	1	VH	M	(0,0,0.5,0.5)
11	1	VH	VH	(0,0.1,0,0.9)
12	1	VH	H	(0,1,0,0)
13	1	H	L	(0.1,0,0.9,0)
14	1	H	M	(0.5,0.5,0,0)
15	1	H	VH	(0,1,0,0)
16	1	H	H	(0.8,0.2,0,0)

将所有的数据用于验证，并行 BRB 运算结果中，两种不同性质的航空发动机气路系统健康状态信息如图 7.2 所示。

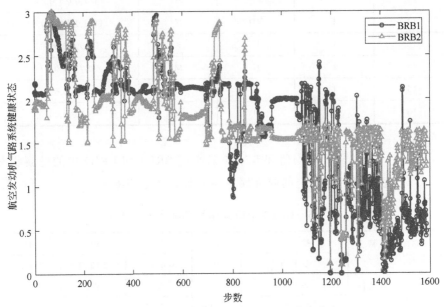

图 7.2　BRB1 和 BRB2 输出的健康状态信息

将上述得出的健康状态信息作为串行 BRB 的输入，然后根据专家知识，设置 BRB3 的初始置信度，如表 7-5 所示。

表 7-5　BRB3 中初始置信度

规则数	规则权重	前提属性		规则置信度
		BRB1	BRB2	{H0,H1,H2,H3}={3,2,1,0}
1	1	L	L	（0,0,0,1）
2	1	L	M	（0,0.1,0.9,0）
3	1	L	VH	（0.5,0.4,0,0.1）
4	1	L	H	（0.5,0,0.5,0）
5	1	M	L	（0,0,0,1）
6	1	M	M	（0,0.5,0,0.5）
7	1	M	VH	（0.6,0,0.4,0）
8	1	M	H	（0.1,0.2,0.2,0.5）
9	1	VH	L	（0,0,0,1）
10	1	VH	M	（0.2,0.3,0.3,0.2）
11	1	VH	VH	（0.7,0,0.1,0.2）
12	1	VH	H	（0.7,0.2,0.1,0）
13	1	H	L	（0.5,0,0,0.5）
14	1	H	M	（0.7,0.3,0,0）
15	1	H	VH	（0.4,0,0.6,0）
16	1	H	H	（1,0,0,0）

根据模糊 C 均值和专家知识通过 BRB1 和 BRB2 中的健康状态信息计算 BRB3 中的前提属性参考值，如表 7-6 所示。

表 7-6　BRB3 中前提属性参考点及参考值

气路系统输出特征（BRB1）	参考点	L	M	VH	H
	参考值	0	0.6720	2.1282	3.0000
气路系统输入特征（BRB2）	参考点	L	M	VH	H
	参考值	0.0990	1.5563	2.4310	3.000

对 1428 组数据进行训练,采用 158 组数据测试,其中迭代次数为 100,更新后的置信度见表 7-7。

表 7-7　BRB3 中更新后的置信度

规则数	规则权重	前提属性		规则置信度
		BRB1	BRB2	{H0, H1, H2, H3}={3, 2, 1, 0}
1	0.3673	L	L	(0.0077, 0.0095, 0.0172, 0.9656)
2	0.0028	L	M	(0.1764, 0.4716, 0.2893, 0.0627)
3	0.7522	L	VH	(0.3333, 0.3043, 0.2249, 0.1374)
4	0.7095	L	H	(0.3294, 0.0506, 0.4232, 0.1968)
5	0.0819	M	L	(0.4060, 0.3552, 0.1220, 0.1168)
6	0.2425	M	M	(0.0110, 0.0140, 0.0010, 0.9740)
7	0.0393	M	VH	(0.2615, 0.0792, 0.3650, 0.2943)
8	0.5402	M	H	(0.3109, 0.0790, 0.4381, 0.1720)
9	0.9100	VH	L	(0.0005, 0.0005, 0.0577, 0.9413)
10	0.1159	VH	M	(0.1681, 0.3489, 0.3613, 0.1217)
11	0.8675	VH	VH	(0.6330, 0.2574, 0.0675, 0.0421)
12	0.4784	VH	H	(0.6720, 0.0673, 0.0620, 0.1987)
13	0.3226	H	L	(0.5219, 0.1649, 0.2443, 0.0688)
14	0.8809	H	M	(0.4498, 0.2879, 0.1478, 0.1145)
15	0.0339	H	VH	(0.5818, 0.1046, 0.1453, 0.1683)
16	0.9233	H	H	(0.9550, 0.02912, 0.0056, 0.0102)

最后,采用 ER 算法得出基于并串行 BRB 的健康状态预测结果。如图 7.3 所示,此时均方误差为 0.2211。每个健康状态的输出置信度如图 7.4 所示。

为充分体现结构和参数联合优化的效果,本章将运行时间进行对比,结果发现,与第 5 章的模型相比,运行时间减少了 90%,证明所提出的结构和参数联合优化方法的有效性。

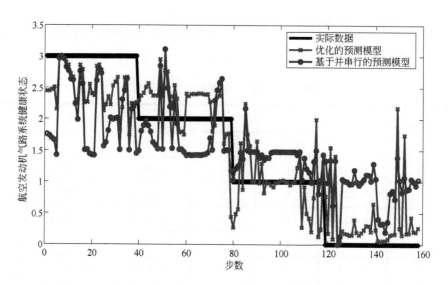

图 7.3　基于串并行置信规则库的航空发动机气路系统健康状态预测结果

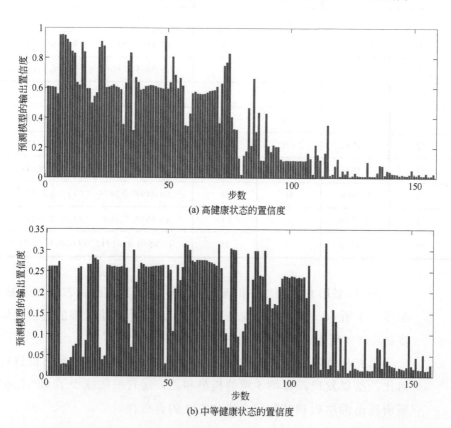

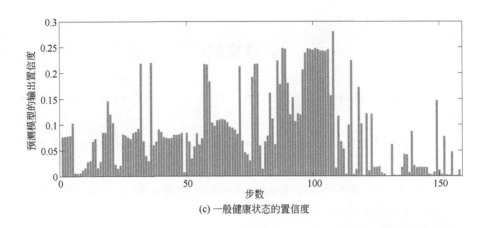
(c) 一般健康状态的置信度

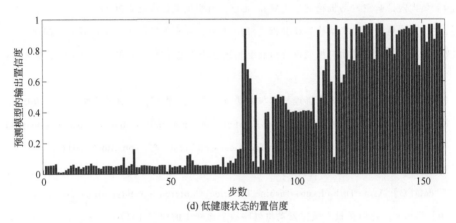
(d) 低健康状态的置信度

图 7.4 航空发动机气路系统预测的各个健康状态输出置信度

7.5 本章小结

本章提出了一种基于并串行置信规则库的健康状态预测模型，首先采用串并行 BRB 解决了多个性能参数作为输入时，健康状态预测模型结构庞大、响应时间长的问题；然后解决了根据专家知识确定前提属性的参考时，专家知识有不确定性的问题；最后以某型航空发动机的气路系统为例，证明了预测模型的有效性。

参考文献

［1］吕琛，马剑，等. PHM 技术国内外发展情况综［J］. 计算机测量与控制，2016，24（9）：1-4.

［2］潘莹. 故障预测和健康管理技术在地铁车辆运维中的应［J］. 控制与信息技术，2020，20（4）：91-95.

［3］武立群，张亮亮. 基于数据挖掘技术的桥梁结构健康状态检测［J］. 吉林大学学报（工学版），2020，50（21）：565-571.

［4］吴大观. 航空发动机论文集［M］. 北京：航空工业出版社，2009.

［5］陈光. 航空发动机结构设计分析［M］. 北京：北京航空航天大学出版社，2014.

［6］谢晓龙. 航空发动机性能评价与衰退预测方法研究［D］. 哈尔滨：哈尔滨工业大学，2016.

［7］李强. 民航发动机健康管理技术与方法研究［D］. 南京：南京航空航大学，2008.

［8］Cerri G，Chennaoui L，Giovannelli A，et al. Gas path analysis and gas turbine re-mapping［C］. Asme Turbo Expo：Turbine Technical Conference & Exposition，2011.

［9］Verbist M L，Visser W P J，Buijtenen J P V，et al. Gas path analysis on KLM in-flight engine data［C］. Asme Turbo Expo：Turbine Technical Conference & Exposition，2011：149-157.

［10］陈扬文. 持向量机在航空发动机气路故障诊断中的应用［D］. 上海：上海交通大学，2014.

［11］李文杰. 基于支持向量机的航空发动机故障诊断研究［D］. 沈阳：沈阳航空航天大学，2014.

［12］Samir K，Takehisa Y. A review on the application of deep learning in system health management［J］. Mechanical Systems and Signal Processing，2018，107：241-265.

［13］李晓明. 某航空发动机防喘控制系统故障预测与健康管理技术应用研究［D］. 长春：吉林大学，2018.

［14］Di Y，Jin C，Behrad B，et al. Fault prediction of power electronics modules and systems under complex working conditions［J］. Computers in Industry，2018，97：1-9.

［15］刘敏. 涡扇发动机控制系统故障诊断与容错控制研究［D］. 大连：大连理工大学，2020.

[16] Zhou Y J, Guo J l, Fu L Y, et al. Research on aero-engine maintenance level decision based on improved artificial fish-swarm optimization random forest algorithm [C]. 2018 International Conference on Sensing Diagnostics, Prognostics, and Control (SDPC), 2018.

[17] 钟诗胜,雷达. 一种可用于航空发动机健康状态预测的动态集成极端学习机模型 [J]. 航空动力学报, 2014, 29 (9): 2085-2090.

[18] Sun Daoming, Yu Xiaoli, et al. State of charge estimation for lithium-ion battery based on an intelligent adaptive unscented Kalman filter [J]. International Journal of Energy Research, 2020, 44 (14): 199-218.

[19] Oleksiy Bondarenko, Yasushi Kitagawa. Application of the Kalman filtering technique for nonlinear state estimation in propulsion system [J]. Journal of Marine Science and Technology, 2020, 15 (32): 1-14.

[20] Iksoo, Park, Junghoe, et al. A survey on the health management technology for aircraft gas turbine engine [J]. Journal of the Korean Society of Propulsion Engineers, 2017, 21 (5): 108-120.

[21] 郑永飞,文怀兴,等. 基于电池外特征的粒子群神经网络电池健康状态预测 [J]. 科学技术与工程, 2019, 19 (36): 184-189.

[22] Xu Chen, Wang Guo, et al. Health status assessment and failure prediction for hard drives with recurrent neural networks [C]. Computer Science & Information Systems IEEE, 2014.

[23] 张春,舒敏. 基于支持向量机的健康状态评估方法 [J]. 计算机系统应用, 2018, 27 (03): 18-26.

[24] 宋哲,高建平,等. 基于主成分分析和改进支持向量机的锂离子电池健康状态预测 [J]. 汽车技术, 2020, 42 (11): 25-31.

[25] 陈青青. 水轮机调速系统的健康状态预测研究 [D]. 武汉:武汉纺织大学, 2015.

[26] 咸宝金,许芬. 多传感器数据融合技术与专家系统研究 [J]. 自动化与仪器仪表, 2007 (06): 12-14.

[27] Baroth E, Powers W, Fox J, et al. IVHM (Integrated Vehicle Health Management) techniques for future space vehicles [C]. 37th Joint Propulsion Conference and Exhibit, 2001.

［28］左洪福，张海军，戎翔．基于比例风险模型的航空发动机视情维修决策［J］．航空动力学报，2006，21（4）：716-721．

［29］Koop W．The integrated high preference turbine engine technology program．ISABE 97-7175，1997．

［30］Simon D L，Garg S，Venti M．Propulsion control and health management technology for flight test on the C-17 T-1 aircraft［J］．NASA/TM-2004-213303，2004．

［31］Garg，S．Propulsion control and health management research at NASA Glenn Research Center［J］．NASA/TM-2007-215028，2007．

［32］Louis A，Urban．Gas path analysis applied to turbine engine condition monitoring［J］．Journal of Aircraft，1973，10（7）：400-406．

［33］DePold H R，Gass F D，The application of expert systems and neural networks to gas turbine prognostics and diagnostics［J］．Journal of Engineering for Gas Turbines and Power，1999，121：607-612．

［34］Ogaji S O T，Marinai L，Sampath S，et al．Gas-turbine fault diagnostics：a fuzzy-logic approach［J］．Applied Energy，2005，82：81-89．

［35］Nieto P J G，Gonzalo E G，Lasheras F S，et al．Hybrid PSO-SVM-based method for forecasting of the remaining useful life for aircraft engines and evaluation of its reliability［J］．Reliability Engineering & System Safety，2015，138（jun.）：219-231．

［36］Joshua，Sebastiampillai，Rolt A M，et．al．Thermodynamic analysis of nutating disc engine topping cycles for aero-engine applications［J］．Energy，2019，182：641-655．

［37］Waligórski M，Batura K，Kucal K，et al．Empirical assessment of thermodynamic processes of a turbojet engine in the process values field using vibration parameters［J］．Measurement，2020，158：107702．

［38］尚琳，杨华保，等．多发飞机发动机不对称推力自动补偿方法研究［J］．自动化与仪器仪表，2020（3）：41-44．

［39］张科星．基于混沌时间序列理论的民航发动机性能参数预测模型研究［D］．天津：中国民航大学，2009．

［40］姚威．基于信息融合的航空发动机状态预测技术研究［D］．哈尔滨：哈尔滨工业大学，2014．

［41］张颉健．基于离散过程神经网络的航空发动机性能参数融合预测技术研究［D］．哈

尔滨：哈尔滨工业大学，2015.

[42] 徐亮. 航空发动机气路性能参数趋势预测研究 [D]. 德阳：中国民用航空飞行学院，2016.

[43] Chang X D, Huang J Q, Lu F. Robust in-flight sensor fault diagnostics for aircraft enginebased on sliding mode observers [J]. Sensors, 2017, 17 (4): 835.

[44] Liu X X, Gao Z W, Zhang A H. Robust fault tolerant control for discrete-time dynamic systemswith applications to aero engineering systems [J]. IEEE Access, 2018, 6: 18832-18847.

[45] Wang F T, Dun B, Liu X F, et al. An enhancement deep feature extraction method for bearing fault diagnosis based on kernel function and autoencoder [J]. Shock and Vibration, 2018, 2018: 1-12.

[46] 谭治学，钟诗胜，林琳. 多源数据融合的民航发动机修后性能预测 [J]. 北京航空航天大学学报，2019, 45 (6): 1106-1113.

[47] 周志杰，陈玉旺，胡昌华，等. 证据推理、置信规则库与复杂系统建模 [M]. 北京：科学出版社，2017.

[48] Si X S, Hu C H, Yang J B, et al. A new prediction model based on belief rule base for system's behavior prediction [J]. IEEE Transactions on Fuzzy Systems, 2011, 19 (4): 636-651.

[49] Wang Y M, Ye F F, Yang L H. Extended belief rule based system with joint learning for environmental governance cost prediction [J]. ECOLOGICAL INDICATORS, 2020, 111.

[50] Yang J B, Liu J, Wang J, et al. Belief rule-base inference methodology using the evidential reasoning approach-RIMER [J]. IEEE Transactions System Man Cybernetics Part A-System Humans, 2006, 36 (2): 266-285.

[51] 胡冠宇. 基于置信规则库的网络安全态势感知技术研究 [D]. 哈尔滨：哈尔滨理工大学，2016.

[52] Zhou Z J, Hu C H, Wang W B, et al. Condition-based maintenance of dynamic systems using online failure prognosis and belief rule base[J]. Expert Systems with Applications, 2012, 39 (6): 6140-6149.

[53] Zhou Z J, Hu G Y, Zhang B C, et al. A model for hidden behavior prediction of complex

systems based on belief rule base and power set [J]. IEEE Transactions on Systems, Man, and Cybernetics: Systems, 2017.

[54] Zhou Z J, Hu C H, Yang J B, et al. New model for system behavior prediction based on belief-rule-based systems [J]. Information Sciences, 2010, 180 (24): 4843-4864.

[55] Zhang B C, Han X X, Zhou Z J, et al. Construction of a new BRB based for time series forecasting [J]. Applied Soft Computing, 2013, 13 (12): 4548-4556.

[56] Salazar R. Analysing uncertainty and delays in aircraft heavy maintenance [D]. Manhcester: University of Manchester, 2016.

[57] Yang J B, Singh M G. An evidential reasoning approach for multiple-attribute decision making with uncertainty [J]. IEEE Transactions on Systems Man & Cybernetics, 1994, 24 (1): 1-18.

[58] Yang J B, Liu J, Xu D L, et al. Optimization models for training belief-rule-based systems [J]. Systems, Man and Cybernetics, Part A: IEEE Transactions on Systems and Humans, 2007, 37 (4): 569-585.

[59] 周志杰. 置信规则库在线建模方法与故障预测 [D]. 西安: 第二炮兵工程大学, 2010.

[60] Tang X L, Wang X Q, Xiao M Q, et. al. Health condition estimation of spacecraft key components using belief rule base [J]. Enterprise Information Systems, 2019.

[61] Yang L H, Wang Y M, Chang L L, et al. A disjunctive belief rule-based expert system for bridge risk assessment with dynamic parameter optimization model [J]. Computers & Industrial Engineering, 2017, 113: 459-474.

[62] Wang Y H, Qiao P L, Luo Z Y, et. al. Reliability assessment model for industrial control system based on belief rule base [J]. International Journal of Computers Communications & Control, 2019, 14 (3): 419-436.

[63] Chang L L, Dong W, Yang J B, et. al. Hybrid belief rule base for regional ailway safety assessment with data and knowledge under uncertainty [J]. Information Sciences, 2019, 518: 376-395.

[64] Chang L L, Zhou Z J, Chen Y W, et al. Belief rule base structure and parameter joint optimization under disjunctive assumption for nonlinear complex system modeling [J]. IEEE Transactions on Systems Man & Cybernetics Systems, 2017, PP (99): 1-13.

[65] Chang L, Ma X, Wang L, et al. Comparative analysis on the conjunctive and disjunctive

assumptions for the belief rule base [C]. International Conference on Cyber-Enabled Distributed Computing and Knowledge Discovery, IEEE Computer Society, 2017: 153-156.

[66] Abudahab K, Xu D L, Chen Y W. A new belief rule base knowledge representation scheme and inference methodology using the evidential reasoning rule for evidence combination [J]. Expert Systems with Applications, 2016, 51 (C): 218-230.

[67] Wu B, Huang J, Gao W, et al. Rule reduction in air combat belief rule base based on fuzzy-rough set [C]. Conference Publishing Services: International Conference on Information Science and Control Engineering. IEEE, 2016: 593-596.

[68] Cheng C, Qiao X, Teng W, et al. Principal component analysis and belief-rule-base aided health monitoring method for running gears of high-speed train [J]. Science China. Information Sciences, 2020, 63 (9).

[69] Feng Z C, Zhou Z J, Hu C H, et. al. Fault diagnosis based on belief rule base with considering attribute correlation [J]. IEEE Access, 2017, 6.

[70] He W, Qiao P L, Zhou Z J, et. al. A new belief-rule-based method for fault diagnosis of wireless sensor network [J]. IEEE Access, 2018, 6: 9404-9419.

[71] Wei H, Hu G Y, Han X X, et. al. A new BRB model for cloud security-state prediction based on the large-scale monitoring data [J]. IEEE Access, 2017, 6: 11907-11920.

[72] Xu X J, Yan X P, Sheng C X, et al. A belief rule-based expert system for fault diagnosis of marine diesel engines [J]. IEEE Transactions on Systems, Man, and Cybernetics: Systems, 2020, 50 (2): 656-672.

[73] Cheng C, Wang J H, Zhou Z J, et al. A BRB-based effective fault diagnosis model for high-speed trains running gear systems [J]. IEEE Transactions on Intelligent Transportation Systems, 2020: 1-12.

[74] Zhou Z J, Feng Z C, Hu C H, et al. A hidden fault prediction model based on the belief rule base with power set and considering attribute reliability [J]. Science China Information Sciences, 2019, 62 (10): 86-101.

[75] Cheng C, Wang J H, Teng W X, et al. Health status prediction based on belief rule base for high-speed train running gear system [J]. IEEE Access, 2019, 7: 4145-4159.

[76] You Y Q, Sun J B, Chen Y W, et al. Ensemble belief rule-based model for complex system

classification and prediction [J]. Expert Systems with Applications, 2021, 164: 113952.

[77] 张邦成, 步倩影, 周志杰, 等. 基于置信规则库专家系统的司控器开关量健康状态评估 [J]. 控制与决策, 2019, 34 (4): 805-810.

[78] 徐晓滨, 汪艳辉, 文成林, 等. 基于置信规则库推理的轨道高低不平顺检测方法 [J]. 铁道学报, 2014, 36 (12): 70-78.

[79] 张伟, 石菖蒲, 胡昌华, 等. 基于置信规则库专家系统的发动机故障诊断 [J]. 系统仿真技术, 2011, 7 (1): 11-15.

[80] Kong G L, Xu D L, Yang J B, et. al. Belief rule-based inference for predicting trauma outcome [J]. Knowledge-Based Systems, 2016, 95: 35-44.

[81] Yang Y, Fu C, Chen Y W, et. al. A belief rule based expert system for predicting consumer preference in new product development [J]. Knowledge-Based Systems, 2015, 94: 105-113.

[82] 徐晓滨, 郑进, 徐冬玲, 等. 基于证据推理规则的信息融合故障诊断方法 [J]. 控制理论与应用, 2015, 32 (9): 1170-1182.

[83] Yang L H, Wang Y M, Lan Y X, et al. A data envelopment analysis (DEA)-based method for rule reduction in extended belief-rule-based systems [J]. Knowledge-Based Systems, 2017. 123 (5): 174-187.

[84] Li G, Zhou Z J, Hu C, et al. A new safety assessment model for complex system based on the conditional generalized minimum variance and the belief rule base [J]. Safety Science, 2017, 93: 108-120.

[85] Karim R, Andersson K, Hossain M S, et al. A belief rule based expert system to assess clinical bronchopneumonia suspicion [C]. Future Technologies Conference. IEEE, 2017.

[86] Bazarhanova A, Kor A L, Pattinson C. A belief rule-based environmental responsibility assessment system for small and medium-sized enterprises [C]. Future Technologies Conference. IEEE, 2017.

[87] Zhang J, Yan X, Zhang D, et al. Safety management performance assessment for Maritime Safety Administration (MSA) by using generalized belief rule base methodology [J]. Safety Science, 2014, 63 (4): 157-167.

[88] Hossain M S, Rahaman S, Kor A L, et al. A belief rule based expert system for datacenter PUE prediction under uncertainty [J]. IEEE Transactions on Sustainable Computing,

2017，2（2）：140-153.

［89］Liu J，Martinez L，Ruan D，et al. Optimization algorithm for learning consistent belief rule-base from examples［J］. Journal of Global Optimization，2011，51（2）：255-270.

［90］Sun J B，Huang J X，Chang L L，et al. BRB cast：A new approach to belief rule-based system parameter learning via extended causal strength logic［J］. Information Sciences，2018，444：51-71.

［91］陈婷婷，王应明. 基于 AR 模型的置信规则库结构识别算法［J］. 计算机科学，2018，45（S1）：79-84.

［92］Zhu H Z，Xiao M Q，Zhao X，et al. A structure optimization method for extended belief-rule-based classification system［J］. Knowledge-Based Systems，2020，203：106096.

［93］Chang L L，Zhou Z J，Chen Y W，et al. Belief rule base structure and parameter joint optimization under disjunctive assumption for nonlinear complex system modeling［J］. IEEE Transactions on Systems，Man，and Cybernetics：Systems，2018，48（9）：1542-1554.

［94］王应明，杨隆浩，常雷雷，等. 置信规则库规则约简的粗糙集方法［J］. 控制与决策，2014，29（11）：1943-1950.

［95］李彬，王红卫，杨剑波，等. 置信规则库结构识别的置信 K 均值聚类算法［J］. 系统工程，2011，29（5）：85-91.

［96］Yang J B，Liu J，Xu D L，et al. Optimization models for training belief-rule-based systems［J］. IEEE Transactions on Systems，Man，and Cybernetics-part A：Systems and Humans，2007，37（4）：569-585.

［97］Chen Y W，Yang J B，Xu D L，et al. Inference analysis and adaptive training for belief rule based systems［J］. Expert Systems with Applications，2011，38（10）：12845-12860.

［98］Chang L L，Ma X W，Wang L Y，et al. Comparative analysis on the conjunctive and disjunctive assumptions for the belief rule base［C］. Chengdu：International Conference on Cyber-Enabled Distributed Computing and Knowledge Discovery（Cyber C），2016：153-156.

［99］王琳. 机械设备故障诊断与监测的常用方法及其发展趋势［J］. 武汉工业大学学报，2000，22（3）：62-64.

［100］Hu G Y，Qiao P L．Cloud belief rule base model for network security situation prediction ［J］．IEEE Communications Letters，2016，20（5）：914-917.

［101］黄艳斐，朱岳麟，等．航空发动机喷嘴结焦积碳的性质［J］．北京航空航天大学学报，2011 10（06）：126-129.

［102］Dempster A P．Upper and lower probabilities induced by a multi-valued mapping ［J］．Annals of Mathematical Statistics，1967，38（2）：325-339.

［103］孔祥鑫，徐可君．航空发动机叶片的腐蚀与防护［J］．航空科学技术，1997（2）：24-26.

［104］关玉璞，陈伟，等．航空发动机叶片外物损伤研究现状［J］．航空学报，2007，28（4）：851-857.

［105］胡建伟．压气机叶片清洗流场分析及参数优化［D］．天津：中国民航大学，2019.

［106］鞠红飞．航空发动机气路故障诊断的非线性滤波方法研究［D］．南京：南京航空航天大学，2015.

［107］李晓明．某航空发动机防喘控制系统故障预测与健康管理技术应用研究［D］．长春：吉林大学，2018.

［108］Yuan Di，Chao Jin，et al．Fault prediction of power electronics modules and systems under complex working conditions［J］．Computers in Industry，2018，9（7）：1-9.

［109］Malhotra R．A systematic review of machine learning techniques for software fault prediction［J］．Applied soft computing，2015，27（6）：504-518.

［110］彭宇，刘大同，等．故障预测与健康管理技术综述［J］．电子测量与仪器学报，2010，24（1）：1-9.

［111］Myshkin N K，Kwon O K，Grigoriev A Y，et al．Classification of wear debris using a neural network［J］．Wear，1997，203/204：658-662.

［112］Stachowiak G P，Stachowiak G W，Podsiadlo P．Automated classification of wear particles based on their surface texture and shape features［J］．Tribology International，2008，41（1）：34-43.

［113］李瑜，郝圣桥，王法全，孙宾．航空发动机电液伺服系统机载模型监控设计［J］．航空发动机，2021，47（2）：84-88.

［114］王俨剀，廖明夫．航空发动机健康等级综合评价方法［J］．航空动力学报，2008（5）：939-945.

［115］Vassiliev A．E．Increasing the accuracy of the approximation of microprocessor fuzzy solvers supporting membership functions of an arbitrary type［J］．Journal of Communications Technology and Electronics，2021，66（3）．

［116］戎翔．民航发动机健康管理中的寿命预测与维修决策方法研究［D］．南京：南京航空航天大学，2008．

［117］Lixin Wei，Jinlu Zhang．Covariance matrix adaptive strategy for a multi-objective evolutionary algorithm based on reference point［J］．Journal of Intelligent & Fuzzy Systems，2020，39（5）：7315-7332．

［118］林敏．极限学习机在航空发动机气路故障诊断中的应用［D］．上海：上海交通大学，2014．

［119］Tülin M Y，Bülent K．Confidence interval prediction of ANN estimated LPT parameters［J］．Aircraft Engineering & Aerospace Technology，2019，92（2）：101-106．

［120］李健．基于深度学习的变循环发动机气路故障诊断［D］．上海：上海交通大学，2019．

［121］Feng Z C，Zhou Z J，Hu C H，et al．A new belief rule base model with attribute reliability［J］．IEEE Transactions On Fuzzy Systems，2019，27：903-916．

［122］Hu G Y．Study on network security situation awareness based on belief rule base［C］．Ph.D. dissertation，Dept. CST，Harbin Univ. Sci. Technol.，Harbin，China，2016：33-83．

［123］Giorgi M G D，Quarta M．Data regarding dynamic performance predictions of an aeroengine［J］．Data in Brief，2020，31：105977．

［124］Jiao L M，Pan Q，Liang Y，et al．Combining sources of evidence with reliability and importance for decision making［J］．Central European Journal of Operations Research，24（1），87-106．

［125］Yang J B，Xu D L．Evidential reasoning rule for evidence combination ［J］．Artificial Intelligence 2013，205：1-29．

［126］Smarandache F，Dezert J，Tacnet J M．Fusion of sources of evidence with different importances and reliabilities［J］．In：The 2010 13th IEEE Conference on Information Fusion，Fusion，UK，2010．

［127］Xu X B，Zheng J，Xu DL，et al．Information fusion method for fault diagnosis based on evidential reasoning rule［J］．Control Theory & Applications．2015，32：1170-1182．

［128］J. B. Yang，J. Liu，J. Wang，et al，Belief rule-base inference methodology using the evidential reasoning approach-RIMER ［J］. IEEE Transactions on Systems Man Cybernetics Part A Systems Humans，2006 36（2）：266-285.

［129］Siegel D. Prognostics and health assessment of a multi-regime system using a residual clustering health monitoring approach ［D］. University of Cincinnati，2013.